DES

RÉFORMES NÉCESSAIRES

EN TÉLÉGRAPHIE

DU MÊME AUTEUR

Nouveau système d'appareils électriques destinés à assurer la sécurité des chemins de fer, 1 vol. avec 16 figures intercalées dans le texte et 6 planches, 1858, suivi d'un *Rapport de la Commission ministérielle chargée d'examiner ces appareils.*

« A Messieurs les Administrateurs des Compagnies de Chemins de fer.
« …L'examen auquel a donné lieu le système dont il s'agit a fait reconnaître qu'il est d'une grande simplicité, d'une manœuvre facile et paraît devoir prévenir efficacement les collisions entre deux trains circulant sur la même voie, sans que d'ailleurs la sécurité puisse être jamais compromise… Je ne puis en conséquence, Messieurs, qu'appeler votre attention particulière sur le système de signaux électriques inventés par M. Marqfoy et vous prier de me faire connaître si vous seriez disposés à l'adopter….

« Le Ministre des Travaux publics,

« Signé : Rouher. »

Mémoire sur les essais des ponts en tôle par l'électricité. 1 broch. avec planche. 1858.

Notice élémentaire sur la Télégraphie électrique. 1 broch. avec 29 figures intercalées dans le texte. 1858.

Application de l'électricité aux annonces d'incendie 1 broch. avec 1 figure et 1 plan. 1860.   Collaborateur : M. DE BOISSAC.

De l'abaissement des taxes télégraphiques en France. 1 vol. 1860.

Discours sur la télégraphie électrique. 1 broch. 1860.

La Banque de France dans ses Rapports avec le crédit et la circulation. 1 vol. 1862.

« L'auteur, M. Marqfoy, à qui sont dus des travaux remarquables sur les tarifs de chemins de fer et des lignes télégraphiques, a creusé son sujet et l'a envisagé dans toute sa profondeur. Nous engageons ceux-là qui ont conservé des préjugés sur l'usage dans les échanges de la monnaie métallique, à lire l'ouvrage que M. Marqfoy a publié sous ce titre : *La Banque de France dans ses rapports avec le crédit et la circulation.* Pour peu qu'ils y mettent du bon vouloir, ils verront leurs objections disparaître à la lumière d'une logique rigoureuse, constamment appuyée sur des faits et des chiffres. C'est là de la véritable économie sociale dépouillée de tout pédantisme d'école et prenant réellement le caractère d'une science. »

ALFRED DARIMON. *La Presse*, 5 janvier 1864.

De l'abaissement des tarifs de chemins de fer en France. 1 vol. 1863.

La Réforme des Tarifs de chemins de fer et les Compagnies. 1 broch. 1864.

Théorie de la Monnaie. 1 broch. 1865.

PARIS. — IMP. VICTOR GOUPY, RUE GARANCIÈRE, 5.

DES
RÉFORMES NÉCESSAIRES
EN TÉLÉGRAPHIE

PAR

Gustave MARQFOY

ANCIEN ÉLÈVE DE L'ÉCOLE POLYTECHNIQUE, ANCIEN INSPECTEUR DES LIGNES
TÉLÉGRAPHIQUES, ANCIEN INGÉNIEUR DE CHEMINS DE FER.

PARIS

GUILLAUMIN ET Cᴵᴱ, LIBRAIRES

ÉDITEURS DU JOURNAL DES ÉCONOMISTES, DE LA COLLECTION DES PRINCIPAUX ÉCONOMISTES
DU DICTIONNAIRE DE L'ÉCONOMIE POLITIQUE, ETC.
rue Richelieu, 14

OCTOBRE 1866

TABLE DES MATIÈRES

TITRE TROISIÈME

DES TARIFS.

INTRODUCTION

L'Administration des lignes télégraphiques possède, à la fin de l'année 1865 :

100,000 kilomètres de fils,
30,000 kilomètres de lignes,
950 stations télégraphiques,
Et elle transmet par an 2,500,000 dépêches.

Dans la session législative de cette année, plusieurs amendements à un projet de loi sur la Télégraphie ont sollicité l'abaissement des taxes.

Devant la perspective d'un surcroît de dépêches à transmettre, l'Administration publique a répondu par l'expression de dispositions favorables pour l'avenir, par un aveu d'impuissance pour le présent.

Ce résultat se produit après quinze années d'une exploitation qui, jusqu'à ce jour, coûte au Trésor public 42 millions.

Une question se pose aussitôt : Les fruits recueillis

par le pays sont-ils en rapport avec les sacrifices faits par l'Etat?

Cette question est examinée dans ce travail, et ma conclusion est négative. On n'a jamais pu atteindre encore, en Télégraphie, cette harmonie entre les charges et les ressources, naturelle à toutes les industries utiles.

En recherchant les causes de ce trouble, j'ai été conduit à critiquer la direction imprimée, depuis l'origine, à l'organisation et à la conduite du service.

J'ai formulé cette critique sans détour, en m'inspirant de la seule pensée de servir les divers intérêts que la Télégraphie concerne.

Je me suis, en outre, attaché à montrer qu'il y a de grands progrès techniques à réaliser, d'importantes réformes administratives à faire pour élever l'industrie télégraphique à la hauteur de sa mission. Lorsqu'on se reporte aux brillants débuts de la Télégraphie électrique, lorsqu'on considère les nombreux services qu'elle rend à l'intérêt public et privé, lorsqu'en présence de ces merveilleux et utiles effets, on admire sans étudier, on a quelque peine à admettre l'insuffisance des moyens actuels; dans la satisfaction que procurent les faibles dons du présent, on éloigne, avec quelque dédain, les grandes et légitimes promesses de l'avenir. En attendant le jour où l'on doit sourire au souvenir des anciens moyens, on s'endort volontiers dans un stérile optimisme.

L'Administration, depuis plusieurs années, est tombée dans ces errements. Mais elle ne saurait y persévérer longtemps désormais : le simple exposé des faits ne peut manquer d'inspirer au Gouvernement les réformes administratives et techniques que sollicitent instamment l'intérêt du pays et celui du Trésor public.

J'examine enfin la question des tarifs.

Dans une industrie monopole, il faut qu'une initiative éclairée réalise, par son action incessante, les effets qui, sous le régime de libre concurrence, dérivent naturellement de la loi de l'offre et la demande. L'industrie monopole n'est prospère et productive qu'à cette condition. Il importe donc d'étudier les effets des tarifs déjà appliqués, et d'en déduire les modifications qui peuvent établir des liens plus intimes, une harmonie plus complète entre l'intérêt de l'industrie productive et celui de la consommation. Cette étude m'a fait reconnaître l'opportunité, dans l'état actuel des choses, d'un nouvel abaissement de taxes que j'ai formulé dans un projet de loi.

Le télégraphe électrique est, pour la rapide communication de la pensée, le dernier terme du progrès technique. Quand on est parvenu à exprimer une idée au même instant, sur plusieurs points éloignés du globe, on n'a plus de moyens nouveaux à demander à la science; il n'y a plus qu'à perfectionner celui qui a été découvert, et à l'appliquer dans toute sa généralité.

Cette application a une portée immense au point de vue du progrès social. Ce progrès, en effet, résulte de l'action commune des hommes, née elle-même de l'union de leurs efforts. Plus cette union est intime, plus l'action qu'elle produit est énergique et efficace pour le bien de l'humanité.

Or, les obstacles à l'action commune sont le temps et la distance, et, pour la communication de la pensée, le télégraphe électrique supprime l'un et l'autre; simultanément, la création des chemins de fer accomplit en partie un progrès analogue pour le transport de la matière.

Aussi, l'usage de ces deux moyens de communi-

cation est-il en voie de révolutionner le monde. L'ère
de la cohésion sociale commence, et la cohésion est,
pour l'humanité, le secret de sa force, de sa grandeur
morale et de sa félicité.

Appliquons donc tous nos efforts à développer et
étendre ces précieux moyens de communication, artères du corps social, qui font circuler en lui la vie et
la puissance. Nos prédécesseurs ont creusé la terre ;
plus heureux, nous arrivons pour récolter les fruits :
ne négligeons aucun soin pour organiser des récoltes
abondantes et fécondes.

Le télégraphe électrique est resté, jusqu'à ce jour,
un mode exceptionnel de communication. Les moyens
de transmission étant limités, on n'a pas osé faire
franchir au tarif certaines limites d'abaissement. Il
faut au plus tôt accroître ces moyens, abaisser ces
limites.

Ce sont les deux progrès nécessaires en Télégraphie.
Ils font toute la préoccupation de ce travail, car c'est
par eux seuls qu'on peut arriver à la vulgarisation du
télégraphe électrique, à la pleine jouissance de tous
les bienfaits que doit procurer au pays ce précieux
moyen de communication.

TITRE PREMIER

EXAMEN CRITIQUE DE L'ADMINISTRATION DES LIGNES TÉLÉGRAPHIQUES

Il y a quelques années, le programme de la Télégraphie se posait nettement en ces termes :

Il fallait arriver à abaisser successivement les tarifs jusqu'aux limites où l'usage du télégraphe se répandrait avec libéralité parmi toutes les couches de la population. Les lignes étaient défectueuses, les appareils imparfaits, la puissance de transmission de chaque ligne très-restreinte : il était nécessaire de se mettre à l'œuvre sans relâche pour améliorer le système des lignes et perfectionner les appareils; il était important d'utiliser, au fur et à mesure, toutes les forces créées; il y avait un grand intérêt enfin à harmoniser toujours le tarif à la puissance productive du réseau, pour tirer tout le parti possible des dépenses faites et des progrès accomplis.

Je vais, pour faire apprécier dans quelle mesure ce programme a été rempli, présenter quelques considérations sur l'Administration des télégraphes aux divers points de vue financier, administratif et technique.

CHAPITRE PREMIER

On a souvent en France, du haut de la tribune comme dans tous les organes de l'opinion publique, combattu l'intervention de l'État, en matière d'exploitation de services. publics, en faisant retentir ce reproche : « L'État exploite chèrement. »

Il en est de l'État comme des grandes Compagnies, comme des simples particuliers. Il exploite avec économie ou prodigalité, selon l'impulsion donnée aux hommes et aux choses par le pouvoir exécutif.

Le service de la Poste paraît en France parfaitement organisé. Si ce service passait des mains de l'État aux mains d'une Compagnie, ce service ne serait sans doute pas exploité avec une économie plus grande, par cette raison que la Direction des Postes fait les dépenses nécessaires à son service et, on peut le présumer par les apparences, n'en fait pas d'inutiles.

Inversement, si demain l'État se substituait comme exploitant à une Compagnie de chemins de fer, ce serait une grande erreur de croire que les frais d'exploitation s'élèveraient entre ses mains. Le fer, le charbon ne lui coûteraient pas plus cher, le personnel tout entier n'en ferait pas moins bien son service, et les ingénieurs placés à la tête de l'Administration n'en sentiraient pas moins le besoin de se maintenir dans les limites d'une stricte économie.

Il importe donc, en cette matière, de laisser de côté les préjugés; là où l'État exploite en de bonnes conditions, il faut le reconnaître et applaudir; là où des économies peuvent être réalisées soit par une diminution de dépenses, soit par une augmentation de recettes, il faut, dans l'intérêt public, formuler des critiques et poursuivre les améliorations possibles.

Je vais, dans cet esprit, examiner la situation financière de l'Administration française des télégraphes.

J'établirai un premier point: La Télégraphie privée est, par sa nature, un service susceptible de couvrir ses frais et de donner des revenus.

Pour le démontrer, je ne puis mieux faire que de citer des chiffres:

En Angleterre, par exception à ce qui existe parmi toutes les nations européennes, la Télégraphie privée est entre les mains des Compagnies.

Voici la situation des principales d'entre elles:

ANNÉES.	RECETTES.	DÉPENSES.	BÉNÉFICES.	DIVIDENDES distribués.
		ANGLETERRE.		
		Electric and international Company*.		
1850	»	»	»	»
1851	1 246 651	768 556	478 095	6
1852	1 688 128	1 087 303	600 825	6 1/4
1853	2 604 631	1 812 823	791 808	6 3/4
1854	3 080 792	2 316 955	763 837	6 1/2
1855	3 623 219	2 528 222	1 094 995	6
1856	4 144 405	2 822 125	1 322 280	6 1/2
1857	4 518 372	3 016 584	1 501 790	8
1858	4 440 958	3 032 988	1 407 970	6 1/2
1859	5 041 868	3 321 311	1 720 557	6 3/4
1864**	6 951 600	4 378 925	2 572 675	8
1865	7 850 675	4 673 775	2 176 900	9 1/2
1er sre 1866	4 093 700	2 405 600	1 688 100	5 p. 6 mois.
		British and irish magnetic telegraph Company *.		
1857	1 780 144	997 207	782 957	de 4 à 7 0/0.
1858	1 820 907	1 039 387	781 520	
1859	1 850 753	1 104 311	746 412	
		Sub marine telegraph Company *.		
1852	115 804	48 064	67 740	6
1853	251 735	91 356	160 379	8
1854	413 146	154 209	258 937	7
1855	459 603	190 446	269 157	6 1/2
1856	514 462	214 411	300 051	7
1857	606 219	260 145	346 074	7 1/2
1858	643 942	308 811	305 131	7 1/2
1859	674 885	353 047	321 838	5

* Extrait des *Annales télégraphiques*.

** Ces trois années, extraites des « Accounts and Reports » de la Compagnie.

En Belgique, la Télégraphie privée est exploitée par l'État. La situation financière de ce service est résumée dans les lignes suivantes extraites du rapport aux Chambres de 1865 (1) :

« Les recettes opérées depuis la mise en exploitation des premières lignes télégraphiques, jusqu'au 1er janvier 1865, représentent un total de. . . . . 5,876,577 fr. 98 cent.

Les dépenses annuelles réunies reviennent, pour la même période, à. . . . . 3,302,006 fr. 61 cent.

Le produit net est donc de . . . . 2,574,571 fr. 37 cent.

Somme, qui non-seulement couvre le capital engagé. 1,401,000   »

Mais laisse, en outre, un excédant de . . . 1,173,571 fr. 37 cent.

____

(1) P. 95.

Voici, d'après le *Moniteur* du 8 septembre 1866, la situation financière de la Télégraphie en Russie.

ANNÉES	RECETTES.	DÉPENSES.	PAR VERSTE (1 kil. 0 66) DE fils télégraphiques.		
			RECETTE brute.	DÉPENSE.	RECETTE nette.
			r. c.	r. c.	r. c.
1860	940,000	829,000	37 07	32 69	4 38
1861	1,177,000	1,020,000	36 40	31 57	4 83
1862	1,369,000	1.270,000	37 62	35 85	2 77
1863	1,534,000	1,500,000	33 46	32 69	0 82
1864	1,724,000	1,680,000	30 57	29 68	0 89

Le rouble vaut 4 fr. — Le copeck 0,04 cent.

« Depuis 1861, ajoute le *Moniteur*, époque à laquelle se rapporte le revenu net le plus considérable, des lignes longues et coûteuses ont été établies ; elles ont une grande importance politique, mais sont peu productives sous le rapport financier. Ainsi en est-il de la grande ligne de Kazan à Irkoutsk et Kiatkha, qui a 4,000 verstes de long et qui ne touche à aucun centre important. »

Cette circonstance explique la diminution de recette nette survenue depuis 1862.

Voici maintenant la situation financière de la Télégraphie privée en France :

J'eusse fait cette réserve que les dernières dépenses de premier établissement n'ont pas encore eu le temps de produire leur effet, si, comme on le verra par la suite, l'accroissement de recette dû aux stations ouvertes au public pendant ces dernières années n'eût été presque insignifiant.

SITUATION FINANCIÈRE DU SERVICE DE TÉLÉGRAPHIE PRIVÉE EN FRANCE, AU 1er JANVIER 1866.

ANNÉES.	DÉPENSES DE PREMIER ÉTABLISSEMENT.		EXPLOITATION.						
					BÉNÉFICES.		PERTES.		
	MONTANT.	VALEUR au 1er janvier 1866 capitalisée à 5 %.	RECETTES.	DÉPENSES.	MONTANT.	VALEUR au 1er janvier 1866.	MONTANT.	VALEUR au 1er janvier 1866 capitalisée à 5 %.
	fr.	fr.	fr.	fr.	fr.	fr.	fr.	fr.
1851	685,374 32	1,357,034 58	99,582 60	1,194,467 28	»	»	1,094,884 68	2,167,870 32
1852	1,424,987 09	2,673,335 56	565,751 58	1,299,739 58	»	»	733,988 00	1,379,897 44
1853	2,388,699 86	4,299,660 00	1,617,166 77	1,794,090 67	»	»	176,923 90	348,463 20
1854	1,638,444 33	2,801,739 24	2,284,274 26	2,393,769 85	»	»	109,495 59	487,236 45
1855	964,989 09	1,568,043 70	2,860,949 45	3,066,149 20	»	»	205,229 75	334,524 90
1856	855,595 99	1,326,173 80	3,494,719 04	3,364,479 78	130,239 23	204,870 45	»	»
1857	675,535 29	999,794 80	3,690,939 24	3,759,526 75	»	»	68,587 51	104,508 76
1858	512,700 00	717,780 00	3,902,078 21	4,398,627 36	»	»	496,549 45	695,468 60
1859	2,266,216 00	3,036,729 44	4,450,270 84	4,659,106 80	»	»	208,835 96	279,840 24
1860	2,073,644 83	3,654,225 92	4,770,240 07	5,570,064 32	»	»	799,824 25	1,023,774 72
1861	2,119,217 15	2,585,444 74	5,676,864 73	6,594,407 13	»	»	917,542 40	1,149,401 24
1862	3,433,248 02	3,982,532 88	6,265,683 44	7,304,046 84	»	»	1,035,363 37	1,204,021 08
1863	646,253 68	677,886 00	6,987,521 54	8,163,422 45	»	»	1,175,900 61	1,293,498 00
1864	789,995 40	839,994 75	7,315,922 25	8,373,098 01	»	»	1,057,475 76	1,410,033 75
1865	1,000,000 00	1,000,000 00	8,161,218 86	8,983,460 00	»	»	822,244 14	822,241 14
Totaux	22,700,794 51	30,520,372 41						
Totaux. . .							8,802,542 07	12,034,471 84

Dépenses de premier établissement. . . 30,520,372 41

Total des pertes. . . . 42,554,844 25

Total des bénéfices. . . 204,870 45

TOTAL DU PASSIF, au 1er janvier 1866. . . 42,352,983 80

Ainsi, la Télégraphie est, au 1er janvier 1866, au-dessous de ses affaires de 42 millions.

En outre, chaque exercice se solde par une perte nouvelle qui se calcule ainsi :

Perte sur l'exploitation, environ. . . .	1,000,000 fr.
Intérêts des capitaux engagés.	2,100,000
Total de la perte annuelle.	3,100,000

Cette situation désastreuse (1) est de nature à éveiller la sollicitude du Gouvernement sur l'organisation du service (2). Ou la Télégraphie coûte trop, ou elle ne rapporte pas assez.

(1) « L'exploitation des lignes télégraphiques, dit M. le Directeur général dans son rapport au Ministre, sur le projet de fusion des Postes et Télégraphes, s'accomplit, je n'hésite pas à le dire, dans les conditions les plus économiques, et par conséquent les plus conformes aux intérêts du Trésor.

« ... Dans une période de moins de quinze ans, il a fallu organiser un service sans rival en Europe.

« On reconnaîtra qu'arriver dans de pareilles conditions à équilibrer les recettes aux dépenses est un résultat inespéré. »

(2) La commission du Corps législatif chargée d'examiner le projet de budget de 1865, s'est préoccupée de la situation financière de la Télégraphie.

« Notre attention toute particulière, dit le rapport de cette commission, a été appelée sur le service télégraphique. Il n'a pu nous échapper que le télégraphe est inscrit au budget ordinaire du ministère de l'intérieur, pour une somme totale de 8,983,640 fr., et qu'outre cette allocation, supérieure de 605,774 fr. à celle de l'année dernière, un crédit de 1 million figure au budget extraordinaire pour les travaux neufs du même service. C'est à un réseau qui ne dépasse guère les chef-lieux d'arrondissement que s'appliquent des dépenses aussi considérables. Quels sacrifices le Trésor devra-t-il s'imposer pour faire jouir les chef-lieux de canton d'un progrès qu'ils réclament instamment aujourd'hui? En comparant les sommes dépensées jusqu'à ce jour et les résultats qui ont été obtenus, on peut se rendre compte de l'étendue de cette charge, et l'on est conduit à rechercher s'il ne serait pas possible de réaliser, dans des conditions moins onéreuses, une amélioration indispensable. »

Il faut, il est vrai, tenir compte des circonstances atténuantes :

L'Angleterre, la Belgique n'offrent pas des distances aussi grandes que la France pour l'établissement du réseau des lignes télégraphiques; la population, en outre, y est plus dense. Les résultats financiers de l'entreprise peuvent donc ressentir quelque influence de cette situation. Mais les différences ne sont pas assez profondes pour transformer une industrie qui prospère, en une industrie qui se ruine (1).

(1) Pour énumérer tous les services rendus par la Télégraphie, on a cité, avec raison, les dépêches transmises pour le compte de l'État. Mais la forme sous laquelle ce service est apprécié est inadmissible : M. le baron de Veauce, rapporteur de la commission du Corps législatif, estime ainsi les recettes de la Télégraphie privée en 1865 :

Recettes des dépêches privées. . . .	8,161,218 fr. 86 cent.
Valeur des dépêches officielles. . . .	1,800,631 18
Total des recettes en 1865. . . .	9,961,850 fr. 04 cent.

C'est un calcul qui manque de justesse. Si demain, par extension de la gratuité du télégraphe à une multitude de fonctionnaires publics, aux 40 mille maires de France, par exemple, la Télégraphie transmettait 20 millions de dépêches dans l'année, dirait-on qu'elle rapporte, à 1 fr. 50 cent. l'une en moyenne, 30 millions? Non. Si chaque fonctionnaire devait payer de ses deniers les dépêches qu'il transmet pour les besoins du service, on verrait figurer au titre *Dépêches officielles* du budget, un chiffre de recettes très-minime. Industriellement parlant, on ne peut supposer que le nombre de dépêches officielles serait le même, taxées à plein tarif ou gratuites.

Reconnaissons que l'avantage de la transmission des dépêches de l'État, mérite une mention dont le nombre de ces dépêches peut mesurer exactement l'importance, mais ne disons pas : le tarif actuel donne 9,961,850 fr. 04 cent., décomposés comme plus haut. Au point de vue économique, au point de vue de l'influence des tarifs sur les recettes, ce serait absolument inexact.

Je mentionne aussi pour mémoire la suppression des dépenses de l'ancienne télégraphie aérienne.

Nous nous trouvons en présence d'une Administration qui possède le privilége exclusif de l'exploitation d'un grand service public, et cette Administration, depuis son origine, fait avec persévérance de mauvaises affaires. Chaque année, le service de la Télégraphie électrique établit sa balance par de grandes pertes qui grèvent lourdement le Trésor public.

Ce fait regrettable ne saurait dériver naturellement d'un ordre de choses bien établi. Il existe entre les principes divers qui servent de base aux institutions créées en vue du bien social, une harmonie dont les conséquences sont infaillibles. En vertu de cette harmonie, il est dans l'essence des industries utiles de vivre et de prospérer de leurs propres forces par les services qu'elles rendent à la consommation.

Dans l'espèce, l'utilité de l'industrie n'est pas douteuse. Il n'est pas possible d'admettre que, dans un pays comme la France, où l'activité du travail et le développement des relations sociales font naître sous toutes les formes les besoins des communications rapides, le précieux instrument de ces communications ne puisse être exploité fructueusement par une Administration qui sait joindre à l'économie la sagesse des combinaisons.

L'Administration des télégraphes néglige donc de faire des bénéfices qu'elle pourrait réaliser.

Cela est très-grave, non-seulement au point de vue du Trésor public, mais même au point de vue administratif lui-même.

Quel but, en effet, se propose l'Administration d'un grand service public ? Rendre au pays la plus grande somme possible de services.

Un seul indice donne la mesure précise de la somme de services rendus : le chiffre des recettes.

Plus les recettes de l'Administration sont élevées, plus elle rend de services au pays ;

D'ailleurs, l'utilité de l'économie dans les dépenses est évidente ;

Par conséquent l'Administration, en se donnant pour but de réaliser le plus grand bénéfice possible dans son exploitation, remplit, par les conséquences qui en découlent, sa mission la plus élevée.

Négliger des recettes, c'est donc faire de la mauvaise administration.

L'esprit administratif porte volontiers en France à négliger les recettes. Il semble qu'on dédaigne de retirer d'une exploitation tous les bénéfices qu'elle peut offrir. C'est mal placer sa dignité, car la dignité n'est pas légitime, lorsqu'elle s'exerce sans nécessité morale, au détriment de l'utilité publique. C'est en outre mal servir les intérêts qu'on a pour premier devoir de sauvegarder (1).

Le principe administratif n'est pas toujours très-bien compris dans les services de l'État. Il n'est pas rare de voir pratiquer cette doctrine que la bonne administration réside tout entière dans la grande régularité des rouages.

C'est une erreur de penser ainsi. En premier lieu, la grande régularité coûte très-cher, et l'administrateur habile doit savoir distinguer nettement ce point exact au delà duquel le service, possédant déjà les éléments d'une bonne organisation, ne saurait atteindre un plus haut degré de perfection administrative qu'au prix de dépenses supérieures à l'utilité qu'elles procurent.

Mais, en matière d'administration de services publics, il y a plus encore. Le point de vue de régularité, malgré son importance, est essentiellement secondaire. Les grands services publics ne sont pas institués pour réaliser, au point de vue de l'art administratif, l'idéal d'une théorie exclusive. Ce qu'il

(1) M. le baron de Veauce dit, dans son rapport, p. 13 :

« Le principe de l'organisation télégraphique a toujours été considéré, Messieurs, par vos diverses commissions, comme ne devant pas avoir un but fiscal ; c'est dans ce sens que votre commission voudrait pouvoir vulgariser davantage encore l'emploi de la Télégraphie, en parvenant à abaisser les taxes. »

Double erreur de principes. Il faut que l'Administration se place au point de vue fiscal pour bien administrer ; et c'est au contraire en abaissant les taxes que le but fiscal sera atteint.

leur faut, avant tout, c'est produire des résultats utiles et féconds.

Par conséquent, on peut affirmer que l'administration d'un service public est vicieuse, quelle que soit la régularité qu'elle manifeste à la surface, lorsque l'exploitation financière de ce service donne des pertes constantes.

Il faut donc, en bonne administration, se préoccuper avant tout du point de vue économique. L'économie financière est l'école de l'administration publique.

J'ai signalé un mal profond. Il faut en rechercher les causes pour le combattre avec énergie.

CHAPITRE II

UTILISATION DES FORCES PRODUCTIVES

On peut toujours apprécier dans une certaine mesure l'utilisation des forces dont une industrie dispose, en évaluant par des chiffres le travail utile que chaque employé effectue, en moyenne, dans son service.

Voici des chiffres qui se rapportent à deux des trois seules années pour lesquelles l'Administration des télégraphes ait publié l'annuaire de son personnel :

	En 1859	En 1864
Nombre total d'employés de l'Administration	2,707	3,653
Nombre total de dépêches privées transmises.	598,701	1,967,748
Nombre de dépêches correspondant à un employé. } par an. .	**222**	**538**
} par jour.	**0,61**	**1,50**

Ainsi, en 1864, il y a dans l'Administration des télégraphes, un employé, en moyenne, pour une dépêche et demie par jour (1).

---

(1) « Le personnel télégraphique, dit M. le Directeur général des Postes dans son projet de fusion des Postes et des Télégraphes, est monté avec un luxe réel, luxe qui a été remarqué par le Corps législatif et qui n'est pas étranger au mouvement d'opinion qui se produit aujourd'hui. »

Il faut, je le reconnais, ajouter à ces chiffres moyens une fraction provenant des dépêches du Gouvernement, des dépêches de service ; il faut tenir compte des interruptions dues au mauvais système des lignes aériennes ; il faut aussi tenir compte des dépêches qui, par le système nécessaire des dépôts dans les grands centres, exigent plusieurs transmissions pour parvenir à leur destination dernière.

Toutes ces causes laisseront toujours extrêmement bas le nombre de dépêches par jour correspondant en moyenne à un employé (1).

Au point de vue industriel, ce résultat ne saurait suffire. La transmission d'une dépêche, lorsqu'elle est régulière, s'opère, avec l'appareil Morse en trois minutes, avec l'appareil Hugues en une minute. Le service d'un employé dure environ sept heures, c'est-à-dire le temps nécessaire pour transmettre, avec ces bases, par le télégraphe Morse 140 dépêches, par le

______

(1) M. le Directeur général des Télégraphes dit, dans son rapport au Ministre sur le projet de fusion des Postes et Télégraphes :

« ... Les dépêches ne sont pas envoyées directement et d'un seul trait à destination. Leur route est, au contraire, fractionnée en section qu'elles parcourent successivement...

Si on tient compte de ces transmissions successives, on arrive, pour représenter le travail télégraphique en 1863, au chiffre de 12 millions de transmissions. »

Ce chiffre ne s'explique pas : Le service a transmis dans l'année 1,754,867 dépêches. Ajoutons-y les 600 mille dépêches officielles. Il faudrait que chacune de ces dépêches eût exigé, en moyenne, 5 transmissions ; comme le plus grand nombre n'en exige qu'une ou deux, certaines dépêches devraient être transmises 8, 10 fois, avant d'arriver à destination. Il y a là une impossibilité évidente.

télégraphe Hugues 420 dépêches. On voit, dans quelle énorme proportion ce rendement théorique est réduit dans la pratique, d'un côté en tenant compte du complément du personnel non chargé des transmissions, et d'un autre côté par l'influence des dérangements de lignes, des vides que laisse subsister le tarif dans l'alimentation des dépêches à transmettre par le public, enfin des répétitions, des formalités d'écritures qui absorbent en part notable le temps de l'employé.

Voici un autre renseignement plus précis qui, au lieu de s'appliquer à tout le personnel de l'Administration, ne concerne que le personnel chargé des transmissions.

Nombre d'employés de la transmission	1859	1,220
	1864	1,950
Nombre de dépêches transmises.	1859	598,701
	1864	1,967,748
Nombre des dépêches par employé transmetteur et par jour.	**1859**	**1,3**
	1864	**2,8**

Ainsi il est évident que la presque totalité des forces disponibles du service reste inutilisée (1).

(1) Il est juste de reconnaître à l'Administration française le bénéfice de l'exemple des autres nations. Voici tous les documents statistiques qu'il m'a été possible de me procurer, avec les conséquences qui en résultent.

ANNÉES	NOMBRES de DÉPÊCHES *	NOMBRES d'employés.	NOMBRES de dépêches par employé et par jour.	NOMBRES de bureaux exploités.	NOMBRES des dépêches par bureau et par jour.
			FRANCE.		
1851	9 014	»	»	17	1, 4
1852	48 105	»	»	43	3, 9
1853	142 061	»	»	91	4, 5
1854	236 018	»	»	128	5
1855	254 532	»	»	149	4, 6
1856	260 299	»	»	167	4, 2
1857	413 646	»	»	171	6, 6
1858	463 973	»	»	193	6, 6
1859	598 701	2106	0, 6	240	6, 8
1860	720 250	2707	0, 6	364	5, 4
1861	920 357	»	»	449	5, 6
1862	1 518 044	»	»	500	8, 3
1863	1 754 867	»	»	537	8, 4
1865	1 966 748	3653	»	610	9
1864	2 473 747	»	1, 4	953	7

* Dépêches officielles non comprises.

ANGLETERRE *.

Electric and international Cy.

1861	1 201 515	»	»	772	4, 2
1862	1 534 590	»	»	909	4, 6

British and Irish magnetic Cy.

1861	689 738	»	»	401	4, 7
1862	671 550	»	»	449	4, 4
1863	827 424	»	»	464	4, 9

South Eastern Railway Cy.

1861	55 085	»	»	89	1, 7
1862	62 825	»	»	92	1, 9
1863	62 968	»	»	94	1, 9

London Brighton and South Coast Railway Cy.

1861	21 680	»	»	35	1, 7
1862	30 024	»	»	60	1, 4
1863	43 208	»	»	46	2, 6

ANNÉES	NOMBRES de DÉPÊCHES	NOMBRES d'employés.	NOMBRES de dépêches par employé et par jour.	NOMBRES de bureaux exploités.	NOMBRES des dépêches par bureau et par jour.
London district C_y.					
1861	144 022	»	»	78	5
1862	243 849	»	»	84	8
1863	247 606	»	»	81	8, 3
United Kingdom C_y.					
1862	133 514	»	»	22	17
1863	226 729	»	»	48	13
HOLLANDE.					
1852	1 361	12	0, 3	3	»
1853	45 674	39	0, 3	6	21
1854	101 864	79	3, 5	14	20
1855	140 864	102	3, 7	21	18
1856	190 447	120	4, 3	28	18
1857	224 803	133	4, 6	33	18
1858	263 777	158	4, 5	35	21
1859	388 473	185	5, 7	45	23
1860	413 445	205	5, 5	54	21
SUÈDE.					
1859	168 027	214	2, 2	70	6, 6
BELGIQUE.					
1861	268 968	»	»	165	4, 5
1862	291 784	»	»	196	4, 1
1863	416 116	»	»	252	4, 5
SUISSE.					
1861	331 933	265	3, 4	157	5. 8
1862	382 452	294	3, 5	177	5, 9

* Chiffres extraits des « Miscellaneous statistics of the United Kingdom, 1864. » Les autres chiffres sont extraits des *Annales télégraphiques*.

Je suis de ceux qui ne trouvent pas dans les exemples des pays étrangers la preuve de notre propre perfection.

On peut s'en convaincre d'ailleurs par le tableau suivant qui donne l'état de ces forces disponibles dans le moment actuel.

Nombre total de depêches que l'Administration française devrait pouvoir transmettre par an, dans l'état actuel du Réseau.

NATURE des fils.	NOMBRE de fils.	NATURE des appareils.	BASE de calcul, nombre de dépêches à l'heure.	SOIT par heure de service de chaque jour et par an.	DURÉE supposée du service journalier (minimum).	TOTAUX
Grande communication.	58	Hugues	50	1,058,500	15 h.	11,643,500
Moyenne —	99	Morse	10	361,350	12	4,336,200
Interdépartementaux. .	58	Morse	10	211,700	10	2,117,000
Départementaux. . . .	267	Morse	10	974,550	10	9,745,500
Auxiliaires.	60	Morse	10	249,000	10	2,190,000
Cantonaux.	87	Morse	5	158,775	5	793,875
					Nombre total. . .	30,826,075

Ces chiffres donnent la mesure de la puissance de transmission du réseau actuel : ce réseau devrait pouvoir servir à transmettre 30 millions de dépêches.

On voit que, sans modifier profondément l'état présent des communications, et seulement par une meilleure combinaison de tarifs, on peut tirer un très-grand parti de ce réseau. Il y a peu à faire pour le mettre en état de transmettre un nombre de dépêches cinq ou six fois plus élevé que le nombre actuel ; par suite, pour pouvoir abaisser, dans le rapport correspondant, le nombre des dépêches.

D'après ce qui précède, il est naturel de penser que le tarif est la cause principale qui empêche l'utilisation des forces dont l'Administration dispose pour la transmission des dépêches. Le remède à cette situation est alors très-simple : il faut abaisser le tarif et distribuer les forces disponibles en vue des besoins nouveaux que ce tarif abaissé doit faire naître.

L'Administration des télégraphes n'envisage pas ainsi la situation. Voici, en effet, les incidents officiels qui viennent de se produire dans la session législative de cette année :

MM. Brame et ses collègues, MM. Glais-Bizoin et ses collègues, ont présenté à la Chambre des amendements demandant l'abaissement du tarif intérieur de la France, les uns à 1 fr. (moitié du tarif actuel), les autres à 0 fr. 20.

En présence de ces demandes, l'Administration a déclaré qu'elle n'était pas en mesure de transmettre le surcroît de dépêches qui résulterait d'un abaissement de tarif.

Voici les paroles de M. le baron de Bussière, commissaire du Gouvernement (1) :

« ... Il m'est permis d'affirmer que cet abaissement (l'abaissement à 1 fr. de la taxe unique pour l'intérieur

____

(1) *Moniteur* du 29 mai 1866.

de la France) donnerait un immense essor à la Télégraphie intérieure, et qu'il faudrait s'attendre à voir le nombre des dépêches, non pas seulement doubler et tripler, comme en 1862, mais s'accroître dans une proportion beaucoup plus considérable... Or, ici vient malheureusement se placer la question qui domine tout ce débat. Notre matériel et notre personnel télégraphiques peuvent-ils, dès aujourd'hui ou dans l'espace de sept mois, répondre à l'immense accroissement qui serait la conséquence inévitable de l'abaissement de la taxe?.... L'Administration des lignes télégraphiques nous affirme que, dans l'état des choses, avec son matériel et son personnel, il y aurait impossibilité absolue de suffire, non pas à cet accroissement normal, continu, très-considérable qui se produit tous les ans dans le service des dépêches télégraphiques, mais de suffire à cet accroissement prodigieux qui serait la conséquence d'une réduction de taxe aussi considérable que celle qu'on vous propose. »

L'honorable orateur du Gouvernement a évidemment, pour soutenir la cause de l'Administration, fort exagéré les conséquences d'un abaissement de moitié dans la taxe télégraphique. Adepte du principe de l'abaissement, je suis très-porté à fonder sur ses effets de grandes espérances; mais je reconnais aussi que ces espérances ne se réalisent qu'avec le temps et pendant que le temps s'écoule, les travaux d'ex-

tension du service, en vue de ses besoins ultérieurs,
peuvent être exécutés.

Il est plus naturel de présumer que l'Administration, avec son organisation actuelle, ne se trouve pas
en mesure de faire face à un accroissement de dépêches, même restreint.

Je crois même pouvoir faire connaître la cause de
son embarras :

Un certain nombre de lignes aboutissant à Paris
ont un nombre de fils tel que ces lignes, à certaines
heures de la journée et à certains jours surtout, travaillent avec une grande activité.

Si l'on abaissait le tarif dans toute la France, il y
aurait un surcroît de dépêches, et ces lignes principales, déjà aujourd'hui très-occupées, seraient débordées.

Il faut donc, pour abaisser le tarif sur ces lignes,
attendre qu'on les ait pourvues de nouveaux fils.

L'Administration, on le remarquera incidemment,
n'a pas fait savoir qu'elle s'occupât de ces additions.

Quoi qu'il en soit et en considérant l'état actuel des
choses, une question très-grave se pose : Toutes les
lignes du réseau doivent-elles être placées sous la
dépendance de quelques lignes principales? Parce

que ces lignes principales sont pleinement occupées,
faut-il que l'uniformité du tarif paralyse pleinement
les lignes secondaires? Faut-il que le pays entier soit
privé des bienfaits du télégraphe, à cause de l'activité de ces lignes principales, lorsque, simultanément,
on ne trouve, dans les postes télégraphiques de province, selon l'énergique expression de M. Brame, que
« des appareils qui chôment et des employés qui
dorment? »

Je ne le pense pas.

Lorsqu'en 1861 le tarif était extrêmement élevé,
il y avait un grand pas à franchir, et l'uniformité du
tarif à 1 et 2 fr. dans toute la France était un progrès
nécessaire.

Mais bientôt, en traitant la question des tarifs, je
montrerai que l'uniformité des taxes n'est pas un
principe absolu, applicable dans toutes les circonstances.

Je montrerai qu'il est absolument nécessaire, dans
l'état actuel de la Télégraphie, de rompre l'uniformité
du tarif qui rend la presque totalité du réseau inactive
au détriment de tous.

Ce qu'il faut, au-dessus de toute autre considération, c'est que, lorsque nous possédons un réseau secondaire, comprenant 6 ou 700 postes télégraphiques,
créé à grands frais, entretenu de même en lignes,
appareils et employés, ce réseau ne soit pas en pure
perte condamné à la stérilité, quand il peut, par des

combinaisons meilleures, produire avec abondance ces services si utiles à la population, ces recettes si bien accueillies toujours par le Trésor public.

L'État est le grand administrateur des services publics. Il a, financièrement parlant, de grandes charges ; il possède aussi des sources de recettes. Son véritable mandat est de rechercher, dans les revenus que procure l'exploitation des services publics, les ressources qu'exigent les dépenses des services publics. Ces revenus sont la source naturelle de l'impôt, et, quand elle est insuffisante, le Trésor est obligé de recourir aux contributions, système dont le principe est beaucoup moins indiscutable.

Cette connexion entre les recettes d'un service public et le principe de l'impôt fait ressortir avec une énergie nouvelle toute l'importance d'établir, en Télégraphie, une harmonie plus complète entre les dépenses du réseau, sa puissance de transmission et son tarif.

CHAPITRE III

J'ai montré que la Télégraphie est dans une situation financière très-obérée.

On se rend compte de cette situation en voyant combien ses forces actuelles sont imparfaitement utilisées.

Mais on comprendra surtout que cette situation se soit produite, en comparant les moyens dont le service dispose avec ceux qu'il devrait posséder.

Cette comparaison va ressortir de l'étude que je vais faire des lignes télégraphiques et des appareils.

§ 1. — Lignes télégraphiques.

Tant que les lignes principales qui forment les grandes artères du réseau télégraphique ne seront pas enfermées, le service des transmissions sera incertain et limité dans ses moyens d'action. C'est une vérité qui semble à peine se faire jour aujour-

d'hui et que je signalai en 1860 en ces termes (1) :
« ...Les lignes formées de fils sur poteaux ne doivent
donc être considérées que comme un moyen transi-
toire : le seul et unique mode définitif de lignes est
le système des *lignes enfermées*. »

Depuis le jour où j'écrivais ces lignes, les besoins
de la Télégraphie ont décuplé. L'observation qui,
alors, passa inaperçue, se représente aujourd'hui plus
vive, plus pressante, car ce qui eût été à cette époque une amélioration utile, devient aujourd'hui un
progrès nécessaire. Cette vérité, il faut s'en bien
pénétrer. De courtes explications vont la faire ressortir d'une manière frappante :

Les lignes de fils placées sur poteaux en plein air
sont d'une construction primitive, grossière, instable,
qui heurte la vue, blesse le goût et fait concevoir,
dès le premier abord, des doutes sur la perfection
industrielle du procédé. Le sentiment public, à cet
égard, paraît être unanime.

Ce sentiment est juste ; nos lignes télégraphiques
sont très-imparfaites. Quand on étudie, au point de
vue technique, l'influence de ces lignes sur la marche
des appareils, on est frappé de la multitude d'inconvénients qu'elles présentent et l'on comprend qu'une

(1) *De l'abaissement des taxes télégraphiques en France*, p. 51.

surveillance très-active et par cela même très-coûteuse, puisse seule rendre le service possible.

J'entrerai ici dans quelques considérations techniques :

On sait en quoi consiste la transmission télégraphique ; je vais le rappeler en quelques mots :

L'électricité circule dans certains corps, l'eau, les métaux, le sol, notamment, et ne circule pas dans d'autres, la porcelaine, le bois, etc.

Cet agent invisible, insaisissable quand il circule, exerce certains effets visibles et palpables.

Ainsi, approchez du courant électrique une aiguille aimantée. On sait que l'aiguille aimantée, abandonnée à elle-même, se dirige spontanément vers le nord : dès qu'elle subit à courte distance l'influence d'un courant électrique, elle est déviée de sa position naturelle. Soumettez de même un morceau de fer à l'action d'un courant électrique : il s'aimante.

Ainsi, le courant électrique peut produire certains mouvements.

Or, on possède une source de courant dans la pile électrique ; on sait produire le courant, en lui offrant à sa sortie de la pile un circuit complet, c'est-à-dire une suite non interrompue de *corps conducteurs*, dans lequel il circule ; on sait l'interrompre, en coupant le circuit ; tous ces phénomènes, d'ailleurs, se produisent instantanément quelle que soit la longueur du circuit.

Tels sont les principes fondamentaux de la science qui ont présidé à la réalisation du télégraphe électrique.

Eh bien ! lorsque de Paris on envoie dans l'appareil de Bordeaux un courant électrique, il faut que ce courant parvienne à destination sans s'égarer en route ; il faut qu'il pénètre dans l'appareil avec l'intensité nécessaire pour produire certains effets sur les organes soumis à son action ; il faut donc que ce courant arrive dans certaines conditions de conservation, après avoir franchi toutes les difficultés de sa longue traversée.

Ces difficultés sont nombreuses. Il importe, en effet, que le courant passe dans le fil et n'en sorte pas. Or, il a un ennemi terrible, l'eau, qui, soit sous forme d'humidité dans l'air, soit sous forme de pluie, le harcèle sans cesse en établissant par les porcelaines et les poteaux humides des dérivations aqueuses du fil vers l'atmosphère ou vers le sol. Ces dérivations varient à chaque instant et en chaque point des lignes.

L'eau n'est pas le seul ennemi des lignes actuelles. En temps orageux, l'électricité de l'atmosphère fait passer, par moments, dans les fils, des courants qui troublent ceux qui émanent de la pile, et rendent les transmissions souvent impossibles, quelquefois dangereuses.

Enfin, je n'ai pas besoin de signaler les bris de poteaux, les mélanges ou ruptures de fils que la mauvaise qualité des matériaux, l'imperfection du travail de pose, les variations de la température, les ouragans, les accidents de chemin de fer peuvent occasionner.

Avec de telles lignes, on le comprend, les appareils les plus perfectionnés sont d'avance frappés d'impuissance et condamnés. Un appareil télégraphique, en effet, est une machine préparée, inerte par elle-même et à laquelle le courant électrique seul donne le mouvement et la vie. Sa perfection consiste à fonctionner avec le plus de régularité et de vitesse, au départ pour émettre les courants, à l'arrivée pour les recevoir et manifester des signes sous leur action. Or, l'appareil d'arrivée ne fonctionne bien qu'à la condition de recevoir des courants de force toujours égale ou variant en d'étroites limites. Qu'importe, dès lors, un appareil qui expédie avec une merveilleuse précision des courants sur la ligne, si ces courants, partis avec une force vive bien calculée, la même pour tous, s'affaiblissent, se dispersent, se troublent en route, de façon à arriver à destination incomplets, altérés, variables? L'idéale perfection de l'appareil d'arrivée qui les reçoit ne fera que refléter avec une fidélité idéale toutes les vicissitudes de leur traversée ; au trouble des courants, correspondra, d'une manière parfaite, la perturbation des signes télégraphiques produits.

Au contraire, une ligne enfermée est soustraite à toutes les causes de dérangements des lignes aériennes. On s'en rend compte immédiatement : Plus de courants atmosphériques, plus de variations du courant par la pluie, par l'état hygrométrique de l'atmosphère, plus de mélanges. Les conditions offertes par la ligne enfermée au courant de la pile, sont constantes, invariables, et par conséquent, les appareils une fois réglés pour une certaine quantité, une certaine intensité de courant, peuvent fonctionner avec une régularité parfaite, une continuité non interrompue, une sécurité absolue (1). La rapidité de transmission sur un fil enfermé est, il est vrai, moindre que celle qui serait réalisable avec une machine fonctionnant avec vitesse sur un fil aérien ; mais elle est encore bien supérieure à la rapidité que peut atteindre la main de l'employé, et une pareille vitesse obtenue sans relâche peut fournir dans une journée un travail considérable. D'ailleurs cette question de la vitesse de transmission sur les fils enfermés n'est pas

---

(1) Il se produit toutefois, au sein de la terre, des courants magnétiques qui peuvent obliger à transmettre momentanément à deux fils, pour éviter de se servir des fils de terre. Ce sont là des cas très-rares et de force majeure.

encore résolue. La science réserve à cet égard d'utiles découvertes.

On aura une connaissance plus complète des entraves qui compliquent aujourd'hui les transmissions, en consultant le cours de Télégraphie électrique de M. Blavier, le meilleur ouvrage qui ait été écrit sur la matière, et dans lequel l'éminent auteur consacre deux chapitres l'un aux Perturbations sur les lignes électriques, l'autre aux Recherches des dérangements.

Depuis quinze ans tous ces faits sont connus. Depuis quinze ans, le service souffre de l'imperfection des lignes qui cause des dérangements, des lenteurs, des interruptions de tous les instants. D'un autre côté, quelques lignes enfermées existent sur de courtes distances; on a déjà constaté la réalité des avantages que je viens de leur attribuer, et pourtant on ne semble pas apprécier ces avantages à leur juste valeur, on ne semble pas discerner qu'ils donneront à la Télégraphie une puissance d'action jusqu'à ce jour inconnue. En dehors, en effet, de quelques essais incohérents, sans suite, sans système, qui méritent à peine d'être mentionnés, on n'a mis aucun soin à rechercher un mode nouveau de lignes sûres et économiques, applicable à l'ensemble des grandes lignes du réseau.

Je dois ici signaler un effet singulier dû à l'imperfection des lignes. Je vais montrer combien cette imperfection a été, d'une manière indirecte, funeste à l'invention des appareils.

Voici ce qui est arrivé :

L'Administration a essayé des appareils nombreux, présentés par des inventeurs. Pour les juger, on s'est borné à la simple constatation des résultats, mais on n'a pas pris en considération les causes. Ainsi, les appareils, mis en expérimentation, manifestaient des irrégularités : on ne recherchait pas si ces irrégularités provenaient d'un défaut de la machine ou d'un système défectueux de lignes télégraphiques. On constatait le résultat final et bientôt on reléguait l'appareil et l'inventeur.

Voilà pourquoi certains hommes ont épuisé en vain, pendant de longues années, leurs forces, leur courage et leurs capitaux, en présence d'un mal indépendant d'eux et de leurs inventions ; Voilà pourquoi le Musée Télégraphique est devenu la nécropole de bien des idées utiles et pratiques, restées stériles jusqu'à ce jour, mais qui pourraient pourtant revivre encore et porter des fruits.

Les appareils télégraphiques dont on fait usage aujourd'hui n'ont certainement pas encore tiré tout le parti possible des lignes qui les relient, quoique ces lignes soient défectueuses. Étant données ces lignes,

il y a encore bien d'utiles appareils à inventer. Mais
tant qu'elles subsisteront, elles seront un obstacle sérieux, décourageant pour la création des grands procédés économiques de transmission ; l'invention en
s'appliquant uniquement à la recherche de ces procédés, s'épuisera, au point de vue de l'utilité présente,
en tentatives vaines. Elle ne créera, pour ainsi dire,
que les appareils de l'avenir. Tant que les lignes enfermées ne seront pas créées, il n'y aura à attendre de
la Télégraphie que des progrès d'un ordre secondaire,
et l'on ne pourra accroître ses moyens d'action qu'en
multipliant par des dépenses proportionnelles les
moyens d'action qui existent déjà, ou les moyens
analogues restent à découvrir. Il ne faut suivre cette
voie que dans la limite des besoins urgents. Mais toute
personne versée dans la Télégraphie reconnaît avec
évidence qu'il y a une meilleure solution technique.
Il faut s'augmenter non en quantité, mais en qualité.
La grande économie dérivera de la perfection des
procédés.

Il y avait dans la période de la création du réseau,
un grand intérêt à rechercher le meilleur système de
lignes. Le moment était pressant, solennel, car le développement rapide des besoins du service ne per-
mettait pas d'attendre. Si on l'eût trouvé à l'origine,
on eût, en l'appliquant immédiatement, évité de dépenser les millions du Trésor Public à construire

des lignes provisoires condamnées d'avance à être un jour démolies.

Pourtant le mal s'amoindrit, sinon par un effet de prévoyance, du moins par la nature des choses. Ces lignes du réseau principal seront transportées dans les petites localités et serviront à établir des communications de second, de troisième ordre, qui, longtemps destinées à être peu actives, ne justifieraient pas l'exécution des travaux, considérables par la dépense, des lignes enfermées.

Un des plus graves intérêts de l'Administration des télégraphes est donc de résoudre ce problème capital, laissé tant d'années à l'écart, sans lequel on n'aura jamais qu'un service compliqué, coûteux et incertain, la création de lignes télégraphiques enfermées sur le réseau des communications principales, création appelée à transformer la Télégraphie.

Il faut immédiatement faire un retour sur soi-même, il faut placer momentanément sur un plan secondaire l'ordre d'idées du perfectionnement des appareils, et appliquer sans relâche tous ses soins à créer au plus tôt, sur une longue étendue, une bonne ligne enfermée. Dans ce but, il conviendra d'arrêter un plan méthodique d'essais, d'expériences que l'on fera avec soin, en prenant son point de départ dans les tentatives les plus économiques, et, sans nul doute, on peut affirmer que la question, une fois bien posée

et devenue l'objet d'une élaboration opiniâtre, finira
par être résolue industriellement. Une première ligne
sera construite sur une certaine longueur, elle sera
essayée, modifiée, perfectionnée, et, quand elle aura
atteint sa forme définitive, elle servira de modèle
pour la création la plus prompte d'un réseau de lignes
enfermées dans toute la France. Le jour où ce réseau
existera, et, ce jour-là seul, la Télégraphie électrique
aura quitté ses langes et atteint sa virilité.

§ 2. — Appareils.

A l'occasion de la dernière loi sur la Télégraphie,
M. Brame a, dans une vigoureuse argumentation, fait
ressortir aux yeux de la Chambre le contraste saisis-
sant du génie de la France marchant toujours à la tête
des nations dans la voie des découvertes, de l'esprit
funeste qui repousse l'invention et en fait la proie des
nations rivales. L'honorable député a très-judicieuse-
ment reconnu la véritable cause qui arrête l'essor de
la Télégraphie ; il a compris que l'invention n'avait
pas dû jouir d'une grande faveur au sein de l'Administration des télégraphes. Les faits le démontrent
surabondamment :

Les trois principaux appareils dont on se sert pour

transmettre les dépêches sont d'origine étrangère. Ils sont dus à MM. Morse, Hugues, Caselli.

M. d'Arlincourt, auteur d'un quatrième appareil récemment introduit, MM. Digney frères, perfectionneurs de l'appareil Morse, M. Bréguet, auteur de l'appareil à cadran généralement employé sur les chemins de fer, ne font pas partie de l'Administration.

La pile qui fait fonctionner ces divers appareils est due à un professeur de physique, M. Marié Davy, également étranger à l'Administration.

Les découvertes émanant du personnel des télégraphes se sont, jusqu'à ce jour, bornées à des perfectionnements de détail, bagage fort estimable, mais insuffisant pour l'honneur et la gloire d'un grand service.

Un de ces perfectionnements mérite d'être signalé : celui de M. Lambrigot, qui permet la réexpédition des dépêches par l'appareil Caselli.

Et cependant, ce personnel a soumis à l'Administration des télégraphes une multitude de projets. Comment admettre qu'ils aient tous mérité d'être rejetés ? comment admettre que ce personnel nombreux qui vit chaque jour avec les appareils, qui sans cesse en étudie la marche, en constate les irrégularités, en reconnaît les défauts, en comprend les besoins, ne puisse s'inspirer de tant de notions exactes et précises, pour trouver, au moins dans les limites que permet l'état défectueux des lignes télégraphiques, des dispositions meilleures, des procédés plus sûrs, des machines plus parfaites? Une seule fois, l'Administration a fait appel au zèle et aux lumières de son personnel pour résoudre le problème du déroulement du papier dans le récepteur Morse; aussitôt plus de trente solutions dignes d'être mentionnées ont été fournies, et le problème a été vite résolu. Pourquoi n'avoir pas persévéré dans cette voie?

Il existe au sein de l'Administration, une Commission permanente de perfectionnement. J'en approuve l'institution, elle était nécessaire. Mais les institutions sont sans force quand elles sont sans lois. Quel est le programme des travaux de cette Commission ? Quels essais a-t-elle organisés? Quels travaux a-t-elle publiés? Quels progrès a-t-elle accomplis? Rien de saillant; cette Commission par elle-même est stérile ; elle est, en outre, très-rigoureuse pour les projets d'autrui. Les hommes intelligents, actifs, expérimentés sont pourtant nombreux au sein de l'Administration. Le corps existe, la vie manque.

Pendant plusieurs années, il a existé un recueil, *les Annales Télégraphiques,* qui répondait à un besoin depuis longtemps reconnu. D'épais nuages couvraient la Télégraphie naissante; il était appelé à les dissiper. L'œuvre placée sous la direction habile de

M. Blerzy, un des fonctionnaires les plus distingués de l'Administration, présentait ce double avantage de tenir au courant des progrès accomplis et de donner l'hospitalité à toutes les idées nouvelles, à toutes les recherches. Mais comme ces plantes qui manquent de leur appui naturel pour se développer et grandir, elle a langui, puis a cessé de vivre.

Ainsi, ce résultat mérite d'être constaté, l'Administration, en fait d'innovation, ne produit rien et en outre elle n'est pas organisée pour produire.

Je ne demande évidemment pas que le personnel entier abandonne son service pour courir à la poursuite des inventions. Mais il faut bien se pénétrer de cette pensée, que l'Administration des télégraphes ne ressemble pas encore aux autres services publics. Elle a besoin d'avoir changé de forme, plusieurs fois, peut-être, avant d'avoir atteint cet état stable où le service fonctionnera par des procédés fixes, invariables et définitifs. Elle est aujourd'hui dans sa période de formation; elle a besoin de progrès techniques; ces progrès existent à l'état latent parmi ses employés de tous grades, parmi tous ceux qu'intéressent les travaux télégraphiques; il faut en favoriser l'éclosion. Il faut donc créer au sein de l'Administration une organisation, solidement constituée, provoquant les recherches, accueillant avec faveur toutes les idées utiles, et disposant d'un budget régulier et suffisant pour les amener promptement au point de maturité. L'argent ainsi placé produira intérêt au centuple.

Il y a tant de progrès à accomplir encore !

L'appareil Morse sera toujours nécessaire, mais sa lenteur le rend insuffisant sur les lignes occupées.

L'appareil Hugues rend déjà de très-grands services; mais sa cherté, sa complication, ses fréquents dérangements en font, les praticiens le sentent bien, un appareil de transition qu'un appareil plus simple viendra tôt ou tard détrôner

L'appareil Caselli est une merveille; mais il est encore trop lent pour un service très-actif.

En dehors des appareils principaux, que de perfectionnements à réaliser dans les questions de contacts, de mouvement des organes électriques chimiques ou mécaniques des appareils! Que de découvertes à faire sur la marche, l'accumulation, la conservation, la distribution, les pertes des courants soit dans les divers conducteurs, soit dans la terre.

Et sur la pile, source de l'électricité, que de choses à trouver encore! La pile, on le sait, se compose d'une série de vases dans lesquels s'opèrent des transformations chimiques, et comme toute transformation chimique dégage de l'électricité, cette électricité est recueillie et utilisée pour la mise en activité des appareils télégraphiques, rendus sensibles à son action.

Les piles actuelles sont, d'une manière évidente, pour tout esprit philosophique, l'enfance de l'art, au double point de vue de l'économie et de la commodité. Industriellement parlant, il y a dans leur étude de très-grands progrès à accomplir, dont profiterait non-seulement la Télégraphie, mais l'industrie tout entière elle-même. Cette question grave au premier chef, est celle pour laquelle l'Empereur a institué un prix de 50,000 fr. Elle sommeille au sein de l'Administration des télégraphes à laquelle devrait naturel lement revenir l'honneur des découvertes à faire dans cet ordre de travaux.

Je constate donc que, en présence de tant de besoins urgents, on reste dans l'inertie et l'abandon de toutes études préparatoires. La perfection, on le sait bien, ne naît pas armée de pied en cap du cerveau de l'homme. Une idée utile surgit ; on la réalise, on lui donne une première forme matérielle. Déjà l'on peut mieux apprécier sa valeur, mieux distinguer ses conséquences. On essaie cette première forme ; les difficultés se montrent avec netteté, l'esprit s'ingénie et trouve des procédés, on modifie, on améliore, et, par des perfectionnements successifs, on arrive à créer une œuvre productive.

Pour atteindre ce but, on le reconnaît, un homme seul est impuissant. Il faut une action commune dans les efforts, la persévérance, les sacrifices ; il faut un concours, un intérêt, un entraînement communs dans les travaux et les tentatives.

Le devoir de cette Administration naissante, dont les pas chancelants pouvaient seuls être affermis par le génie créateur et inventif, était d'ouvrir largement la carrière à tous les travaux de perfectionnement, de tracer un programme d'études et de recherches, d'accueillir et d'étudier avec soin toutes les propositions, d'en dégager les idées pratiques, de les recueillir, les grouper, de faire des essais méthodiques, de poursuivre enfin sans relâche tous les progrès nécessaires, de les favoriser par tous les moyens possibles, afin de constituer au plus tôt un service stable, disposant de grands moyens d'action et procurant de grands profits.

Rien n'a été fait dans cet ordre d'idées ; aucun travail régulier d'investigation n'a été organisé ; aucune question importante à résoudre, et on l'a vu, elles sont nombreuses, n'a été mise à l'ordre du jour ; aucune issue n'a été ouverte aux idées nouvelles, et lorsque quelques travaux accomplis dans l'ombre se sont produits au grand jour, la faveur, les encouragements leur ont manqué (1).

---

(1) J'écrivais le 9 mars 1863 à M. le Directeur général des télégraphes... « La Télégraphie débute ; elle a encore de grands progrès à accomplir, tout son avenir est dans le perfectionnement des appareils.

L'administration devrait donc accueillir les inventeurs avec faveur, les traiter en amis, encourager leurs efforts, aplanir les difficultés infinies contre lesquelles ils ont à lutter,

Il n'en est pas ainsi ; aussi depuis douze ans l'art de la télégraphie est au

L'Administration s'est bornée à accueillir les seuls appareils et procédés nouveaux dont les besoins urgents du service lui ont commandé l'adoption.

Ces tendances, ces principes ne sont pas ceux qui peuvent conduire le service par les voies les plus directes vers cet état définitif, qui donne la plus grande utilité pour la plus grande économie.

Nous assistons, depuis quelques jours, au triomphe bien mérité d'une nation voisine qui, bravant les éléments et les espaces immenses, vient, par le succès d'une entreprise audacieuse et gigantesque, d'unir bord à bord les deux mondes. Que d'études préliminaires, de travaux, d'insuccès ont préparé cette victoire ! Il suffit, pour s'en convaincre, de jeter les yeux sur le volume de l'enquête faite en Angleterre, pendant l'année 1860, sur cette difficile question. Nous devons, en France, nous inspirer de tels exemples.

---

même point. Comme aux premiers jours les dépêches sont transmises par le télégraphe Morse.

Quand, dans ma brochure *De l'abaissement des taxes télégraphiques en France,* j'ai proposé cette réforme télégraphique, qui fut longtemps si décriée au sein de l'Administration et que le Gouvernement à réalisée, il se présentait deux marches à suivre pour faire face à l'accroissement prévu des dépêches. L'une consistait à se contenter du réseau de fils existants et à mieux utiliser ces fils avec des appareils rapides. L'autre, à conserver les mêmes appareils et accroitre, à force d'argent, le nombre de fils télégraphiques.

En proposant un système nouveau de transmission, j'avais le premier but en vue. L'Administration a adopté la seconde solution.

Elle peut longtemps continuer à suivre cette voie ; mais les intérêts du Trésor seraient plus ménagés si elle changeait de tactique. »

Depuis cette époque, l'appareil Hugues a été adopté.

CHAPITRE IV

J'ai montré qu'au point de vue des procédés de transmission, l'Administration avait méconnu son véritable but. Elle devait donc négliger d'utiliser les forces dont elle disposait. C'est ce qui est arrivé.

L'Administration des lignes télégraphiques, dès le début, a eu en son pouvoir de grands moyens d'action. Le Gouvernement, dans sa sagesse, avait compris que, pour ce service nouveau appelé à se perfectionner et à grandir par la science, des hommes instruits étaient nécessaires et il avait décrété que le recrutement des fonctionnaires de l'Administration se ferait à l'École Polytechnique.

Cette école donne à l'État un personnel intelligent, éminemment intègre, qui constitue entre ses mains une force puissante, car la science et l'honnêteté sont les deux grands leviers du progrès social.

J'ai vu avec tristesse l'emploi qui a été fait de cette force depuis dix ans, dans le service des lignes télégraphiques. Le personnel des élèves de l'École a, de son propre ressort, rendu les plus grands services à la

Télégraphie, soit dans l'exécution des travaux des lignes, soit dans l'établissement et la direction des postes de transmission, en temps de paix comme en temps de guerre, en France comme dans les pays lointains. Mais malgré son zèle, ses efforts, son dévoûment le plus réel à la chose publique, il a toujours eu à lutter contre des résistances morales qui ont lentement miné son courage et son énergie. En matière de perfectionnements techniques, notamment, il a été, comme par une volonté inflexible, voué à l'impuissance et la stérilité. Les esprits vulgaires critiquent en lui certaines allures, sans distinguer que les sentiments élevés dont elles émanent sont, en définitive, la meilleure sauvetage des intérêts qui lui sont confiés. La faute commise envers ce personnel a été bien funeste au développement de la Télégraphie en France.

J'ai vu de même les fonctionnaires les plus distingués quitter les premiers postes, abandonner leur carrière, j'ai vu les employés subalternes donner leurs démissions par centaines. Cette instabilité est d'ordinaire le résultat des mécontentements et des déceptions.

J'ai vécu au sein de la Télégraphie à l'époque où le service de la correspondance électrique venait d'être ouvert au public. Les esprits étaient surexcités ; les imaginations s'enflammaient volontiers devant les perspectives qui semblaient tracées par la nature même des choses ; on se disposait à accomplir de grands travaux ; chacun se sentait plein d'ardeur et de zèle, et tous fondaient de grandes et légitimes espérances sur l'avenir. Certes, l'œuvre a grandi, quelques-unes de ces espérances sont devenues des réalités, mais pour créer un service télégraphique sûr, stable et fécond, presque tout est encore à refaire et toujours je regretterai que ces forces, si vives alors, aient été perdues comme se perdent sur leurs tiges ces graines généreuses, pouvant produire des fruits utiles à tous et qu'une main inhabile n'a jamais su mettre à profit.

Je ne saurais quitter ce sujet sans faire observer que, dans toute administration, l'intérêt du personnel est digne d'une grande sollicitude. L'employé attaché à un travail incessant et monotone, le fonctionnaire qui consacre son temps et son intelligence à la chose publique, ont besoin de sentir au-dessus d'eux un pouvoir témoin de leurs efforts, préoccupé de leurs besoins, et toujours prêt à récompenser le dévoûment et le zèle. Il faut donc s'appliquer à fonder et à maintenir une hiérarchie forte, où les positions soient accordées aux plus dignes, où l'avancement soit ordonné d'après le mérite et les services de chacun, où toutes les considérations s'inclinent devant l'autorité des droits acquis, en un mot où règnent toujours le droit et la justice. A cette condition seule, on parvient à acquérir l'autorité qui est l'âme de tout bon service, non, par conséquent, cette autorité administrative qui émane d'une confiance supérieure et qui se décrète, mais cette autorité morale qui s'exerce sur les consciences et qui oblige chacun à l'accomplissement du devoir. Il ne faut jamais le perdre de vue : l'autorité suprême est dans la suprême équité.

On ne saurait d'ailleurs joindre assez au principe d'autorité ces vertus administratives, la bienveillance, les égards, qui si souvent en adoucissent les rigueurs.

CHAPITRE V

TRAVAUX ACCOMPLIS PAR L'ADMINISTRATION

J'ai formulé de graves critiques qui s'adressent à l'Administration des télégraphes. Je dois aussi faire ressortir ses utiles travaux.

Une grande extension a été donnée au réseau Télégraphique par la création de la Télégraphie cantonale. Le service a été confié aux Agents des mairies et aux Instituteurs. Dans un grand nombre de cas, sans doute, il sera préférable de recourir aux Agents de la Poste (1).

La Convention internationale de 1865 est une œuvre très-importante, menée à bonne fin, la première, je crois, dans l'histoire, où la plupart des nations européennes se soient réunies en congrès pour engager une nature spéciale d'intérêts sociaux dans des liens de

---

(1) « On sait, dit M. le Directeur Général des Postes dans son Projet de fusion des Postes et Télégraphes, combien l'appareil télégraphique est facile à manier, et combien il se prête aux aptitudes des femmes; (la Poste emploie 2080 Directrices.) Les plus petits buralistes de la Poste, hommes et femmes, obligés de se tenir tout le jour derrière leurs guichets pour attendre le public, connaîtraient promptement le jeu de l'appareil... »

mutuelle solidarité, ce qui est d'un excellent exemple pour l'avenir. Cette Convention, en étendant le principe de l'abaissement des tarifs aux dépêches internationales a semé ou consolidé ce principe parmi toutes les nations.

L'établissement des Postes Sémaphoriques est une création des plus utiles dont l'honneur revient à l'administration française. Ces postes, établis le long du littoral, sur les pointes des îles ou sur les caps les plus avancés dans la mer, permettent, à l'aide de drapeaux-signaux, d'échanger des dépêches avec les navires qui se rapprochent de la côte. Le Réseau télégraphique de terre se trouve ainsi étendu à la zone de mer déterminée par la visibilité des signaux. Cette correspondance offre à la marine de l'État et au commerce de précieux avantages.

Enfin l'abaissement de 1 fr. à 0 fr. 50 de la taxe intérieure de Paris, dû à l'initiative de l'Administration des télégraphes, a été pour la capitale un grand bienfait et pour le principe des tarifs une nouvelle et éclatante victoire.

En dehors de ces importantes créations, il faut citer aussi les services nombreux que l'Administration des Télégraphes rend chaque jour au pays et à l'Etat. Mais je ne puis le faire sans rappeler combien ces services sont onéreux et combien est grand le nombre de ceux dont le pays est indûment privé.

CHAPITRE VI

Le jour où, avec un appareil et un fil on a su communiquer télégraphiquement entre deux points, le problème de la création d'un Réseau télégraphique couvrant la France entière, était théoriquement résolu.

Si depuis ce jour, l'Administration dotée de millions par le budget, est parvenue à réaliser matériellement cet important Réseau, est-ce un résultat dont elle puisse s'enorgueillir? Non ; ce n'est encore pas assez. Il faut, pour la bonne organisation des services qui présentent le double caractère d'être administratifs et techniques, une analyse plus profonde de tous les éléments qui doivent concourir au but final, des combinaisons plus savantes entre tous ces éléments, une utilisation plus complète des ressources dont on dispose, de façon à atteindre au plus grand effet utile par la plus grande économie; il faut, disons-le en un mot, un sentiment plus juste, une intelligence plus complète de la situation générale des choses.

Cette intelligence, ce sentiment ont fait défaut à la
Télégraphie. Elle s'est agrandie en quantité, chose
toujours possible avec de l'argent, mais, en qualité,
elle a fait à peine, sous la pression des circonstances,
quelques progrès d'imitation. Je le dis avec conviction : L'Administration des télégraphes n'a pas dis-
cerné sa véritable voie ; sa bonne volonté, ses efforts,
son action se sont égarés ; elle a poursuivi l'ombre et
négligé la proie.

En pénétrant la cause qui a fait ainsi dévoyer cette
Administration à son propre insu, on reconnaît qu'il
a essentiellement manqué à la Télégraphie une direction technique.

La Télégraphie est un service essentiellement fondé
sur des principes scientifiques, empruntés à la chimie,
la physique, la mécanique, l'art des constructions;
c'est à ces sciences qu'elle a dû d'être créée, c'est à
elles qu'elle devra de grandir. Dans cette situation
spéciale, il ne faut pas à la Télégraphie une direction purement administrative qui, n'ayant pas con-
science des progrès réalisables et d'ailleurs si nécessaires, ne saurait les rechercher; mais une direction
qui soit, par son instruction, à la hauteur de la science
qu'elle a mission d'appliquer à l'industrie, une direction qui sache non-seulement favoriser les travaux
'i nvestigation, mais aussi les diriger en les conte-

nant dans les justes limites de l'utilité pratique et de l'intérêt industriel.

Telles sont entre autres les directions des ponts-et-chaussées, des constructions navales et des manufactures de l'État.

Je dirai plus :

La Télégraphie est une industrie naissante ; elle exige une direction douée de qualités spéciales. Ainsi il faut qu'au milieu de tous les travaux d'une administration aussi étendue, aussi active, dominent toujours une pensée supérieure qui, éclairée par l'intelligence de la situation comme par un phare lumineux, sache tracer d'avance la ligne assignée à la marche progressive du service ; une volonté qui, puissante par l'initiative et énergique dans l'action, sache suivre cette ligne d'un pas ferme et continu en dépit de toutes les résistances.

A cette condition seule, la Télégraphie pourra s'élever au-dessus de la situation précaire et difficile dans laquelle elle se trouve engagée aujourd'hui.

Je ne saurais insister assez sur l'opportunité d'imprimer une impulsion nouvelle au service. Nul ne peut compter aujourd'hui avec certitude qu'une dépêche remise au Télégraphe arrive régulière et à temps à destination. Il serait consolant, du moins, d'apercevoir dans un avenir prochain des perspectives meilleures. Mais rien dans les travaux de l'Administration ne fait espérer que dans cinq ans, dix ans, les vices organiques du service aient disparu. Le régime actuel condamne pour longtemps la Télégraphie à l'immobilité. Les raisons me semblent puissantes pour porter le Gouvernement à inaugurer un régime nouveau.

TITRE DEUXIÈME

DES PROGRÈS A RÉALISER

Je vais étudier à grands traits les deux importantes questions de la construction des lignes et du perfectionnement des appareils. Les problèmes qu'elles soulèvent ne peuvent être résolus que par une élaboration faite au sein même du service ; aussi, ne puis-je en offrir des solutions ; mais peut-être me sera-t-il possible de circonscrire le sujet dans ses véritables limites et d'indiquer la voie dans laquelle il importe de diriger toutes les recherches.

CHAPITRE PREMIER

LIGNES TÉLÉGRAPHIQUES

§ 1. — Division du Réseau en lignes enfermées et lignes aériennes.

L'Administration des lignes télégraphiques a divisé toutes les lignes de son Réseau dans les six catégories suivantes :

	Nombre de lignes à un fil.
Fils directs de grande communication . .	58
id. id. Moyenne	99
id. Interdépartementaux	58
id. Départementaux	267
id. Cantonaux.	87
id. Auxiliaires.	60

Les lignes télégraphiques qui servent à l'établissement des grandes et moyennes communications sont les plus chargées de fils, parce qu'elles sont la route naturelle que suivent tous les fils de communication avant de se ramifier ; les plus occupées, comme travail de transmission, parce qu'elles réunissent les plus grands centres de population et qu'elles servent au transit des dépêches à grandes distances.

La nomenclature de ces lignes constitue donc une classification très-utile. D'un autre côté, la statistique administrative indique, par le chiffre de la recette annuelle, l'importance de chaque Bureau télégraphique de France.

Si donc on trace un Réseau de lignes qui, d'une part, contienne les lignes de grande et de moyenne communication, qui, d'autre part, englobe les bureaux les plus importants de France, les cent premiers, par exemple, on aura constitué les artères principales du Réseau total.

Ces artères doivent être construites dans le système des lignes enfermées. Elles formeront comme l'ossature du Réseau, partie solide et sûre, à l'abri de toute fragilité et invariablement prête à écouler la plus grande masse des transmissions.

Quant aux lignes des autres catégories, on les enfermera lorsqu'elles se trouveront accidentellement sur le parcours des lignes enfermées, mais en principe, on les laissera subsister telles qu'elles sont aujourd'hui, dans le système aérien, jusqu'à l'époque, certainement reculée, où les besoins très-développés de la Télégraphie commanderont la réforme de leur construction.

Les lignes enfermées réaliseront, en entretien, une

économie qui mérite d'être signalée. Dans l'état actuel du service, le personnel des inspecteurs et des surveillants de lignes figure au budget pour une somme de 1,279,000 fr. La majeure partie de cette dépense annuelle sera supprimée.

§ 2. — Nécessité d'établir les lignes enfermées sur routes.

Les lignes enfermées doivent être établies sur routes et non sur chemins de fer.

Les routes, en effet, jouissent d'un grand calme ; le sol y est toujours à l'état de repos, et les lignes qui y seront enfouies y seront dans un état de tranquillité parfaite, éminemment favorable à leur conservation. D'un autre côté, les routes présentent toujours des emplacements favorables à l'établissement de la tranchée qui devra recevoir les lignes.

Sur les chemins de fer, au contraire, les trépidations incessantes du sol, dues au passage perpétuel des trains, sont de nature à défaire lentement le travail intérieur de pose des lignes, et l'on sait que la moindre fissure, le moindre tube capillaire susceptibles d'établir entre les fils et le sol une communication électrique quelconque, suffisent pour mettre, jusqu'à réparation, la ligne entière hors de service. D'ailleurs, l'assiette des chemins de fer est généralement factice, perméable à l'humidité, et assez étroite pour offrir rarement une place convenable à l'ouverture d'une tranchée

Les chemins de fer offrent, il est vrai, aujourd'hui, de grandes facilités pour la surveillance et l'entretien des lignes télégraphiques ; mais cette surveillance, cet entretien, seront à peu près nuls pour les lignes enfermées. L'avantage actuel disparaîtra donc par le changement du système de construction.

Pour les raisons précitées, il importe d'adopter le tracé des lignes enfermées sur routes.

§ 3. — Tracé du Réseau des lignes enfermées.

La création d'une ligne enfermée est, quel que soit le mode de construction adopté, une dépense très-coûteuse. Il y a donc intérêt à réduire le tracé de ces lignes à la longueur la plus courte, sauf à faire faire de longs détours aux fils, pour établir les communications nécessaires. Ainsi, pour établir un conducteur entre Bordeaux et Strasbourg, on placera un fil dans les lignes enfermées de Bordeaux à Paris, de Paris à Strasbourg, mais on évitera de créer une ligne enfermée directe de Paris à Strasbourg.

La note A représente le tracé des lignes enfermées, tel que je l'ai obtenu en me conformant aux principes que je viens d'énoncer.

J'ai calculé la longueur totale de ce Réseau, dans l'hypothèse où son tracé suit les chemins de fer et dans celle où il suit les routes.

Voici les résultats de ces calculs :

Longueur du Réseau sur :

Chemins de fer.	6857 kilom.
Routes.	7111 »

Ainsi, quel que soit le système qu'on adopte pour la construction des lignes enfermées du Réseau télégraphique, on saura que ce système doit être appliqué sur une longueur d'environ 7,000 kilomètres ; on saura que chaque dépense de 1 franc par mètre courant, représente, pour le Réseau total de lignes enfermées, une dépense de premier établissement de 7 millions de francs.

§ 4. — Du mode de construction des lignes enfermées.

La question des lignes enfermées se présente sous trois aspects distincts : La traversée des villes, celle des campagnes et celle des mers.

Uniquement occupé dans ce travail du développement de la Télégraphie intérieure, je laisse de côté la question des câbles sous-marins.

La traversée des villes présente des conditions spéciales dont il faut tenir compte : dans les villes, des conduits souterrains de diverses natures mettent sans cesse la pioche aux mains des ouvriers ; il faut donc employer un système qui soit à l'abri de leurs coups. D'un autre côté, le gaz et l'eau détruisent activement les matières isolantes généralement adoptées pour l'enveloppe des fils électriques. Il faut se placer sûrement hors de leurs atteintes.

D'ailleurs, le nombre de kilomètres de traversée des villes étant relativement restreint, on peut dépenser pour elles une plus forte somme par mètre courant.

La question se présente, au contraire, dans ses conditions les plus simples pour les lignes des campagnes établies sur routes.

L'Administration des télégraphes construisit il y a quelques années, dans Paris, plusieurs lignes souterraines, qui coûtèrent des sommes énormes, dont les unes, à peine achevées, ne purent fonctionner, et les autres furent promptement hors de service. Ce fut une tentative malheureuse et irréfléchie.

Il était pourtant nécessaire de chercher une solution :

Il aboutit au poste central de la rue de Grenelle 160 fils, venant des divers bureaux de Paris et des diverses lignes de province et de l'étranger. On conçoit combien il était important de soustraire cette multitude de fils convergeant vers un même point, à la confusion, aux mélanges, aux ruptures. Établir ces fils en l'air, le long des maisons, devenait de plus en plus difficile. Il fallait donc, sous peine de faire naufrage au port, enfermer ces fils d'une manière sûre dans le sol.

Ce problème de la traversée des villes a été résolu par M. Baron, ingénieur fort habile de l'Administration des télégraphes. Les câbles dont il se sert contiennent chacun sept fils de cuivre, entourés de gutta-percha et réunis en faisceaux à l'aide de chanvre et de toile goudronnés. Ces câbles sont placés en tel nombre qu'il convient dans l'intérieur d'un tube en fonte, formé d'une série de pièces ajoutées et hermétiquement fermées par des soudures en plomb fondu.

Il a été établi de la sorte environ 30 kilomètres de lignes dans la capitale. Il est probable que dans cent ans, nos neveux trouveront ces lignes en parfait état de conservation. Le temps seul, privé des éléments naturels, ne ravage pas.

La traversée des villes offre de si graves inconvénients pour l'établissement des lignes télégraphiques, le système de M. Baron les évite tous d'une manière si complète, que, je n'hésite pas à le dire, ce système résout la question de la manière la plus heureuse, en même temps qu'il fait le plus grand honneur à son auteur.

Une ligne de vingt-huit fils établie dans ce système coûte le prix suivant :

PAR MÈTRE COURANT.

4 câbles de 7 fils, à 3 fr. l'un.	12 fr.	
Tube de 0^m 054 de diamètre.	3	21
Transport, tranchée, soudures, etc. . . .	3	04
Prix de revient d'une ligne de 28 fils. . .	18 fr. 25	

En admettant qu'il y eût en moyenne vingt-huit fils sur tout le parcours du Réseau projeté de lignes enfermées, le système précédent appliqué sur ce Réseau exigerait pour 7,000 kilomètres de lignes, une dépense de 128 millions. C'est un chiffre très-élevé. Avant de songer à établir des lignes sur des bases de prix aussi onéreuses, il faut épuiser toutes les recherches dans les systèmes qui pourraient employer des matériaux plus économiques.

La question reste donc tout entière à résoudre.

Je proposai en 1858 l'emploi du béton pour les

lignes enfermées. J'avais même espéré qu'il serait possible de noyer un fil nu dans la matière.

Deux essais ont été faits ; l'un, en 1858, à Dijon, par les soins de l'Administration, sur une longueur de 1,400 mètres ; l'autre, en 1866, par MM. Coignet frères, sur une longueur de 60 mètres. L'essai de 1859 est sans portée. Les fils nus, en effet, sont à 3 centimètres de la surface du bloc qui les renferme. Dans le béton le plus sec, l'humidité pénètre au delà.

J'ai constaté il y a peu de jours, chez MM. Coignet, que les fils accusent une perte totale du courant, par conséquent que les fils nus ne peuvent servir aux transmissions. Est-ce la conductibilité du béton qui devient appréciable sur une grande longueur, est-ce le bloc total qui n'a pas encore entièrement séché ?

En admettant cette dernière hypothèse, la plus favorable, il y aurait, il faut le reconnaître, un grave inconvénient à ne pouvoir faire usage des lignes construites qu'après complète dessiccation, c'est-à-dire un an ou deux après leur achèvement.

Je cite cet insuccès parce que toute erreur reconnue conduit à la vérité.

Pour la même raison, je citerai l'essai infructueux et qui n'en est pas moins très-honorable pour ceux qui l'ont entrepris à leurs frais, fait par MM. Rattier et Comp^e, entre les fortifications et Noisy-le-Sec, sur une distance de 7 kilomètres, essai consistant dans l'emploi de câbles à 7 fils, recouverts d'une substance particulière, plus économique que la gutta-percha.

L'essai de Dijon a eu pour objet principal d'apprendre comment se comporteraient des câbles noyés dans le béton. L'opération, intelligemment conduite par M. Estival, inspecteur du service, a très-bien réussi. Après sept années, les câbles sont en parfait état de conservation, et la plupart des communications, bonnes comme au premier jour.

Il y a lieu d'étudier cette question et de savoir quel parti définitif on peut tirer de l'emploi d'une matière aussi économique que le béton, dans laquelle des fils isolés par des procédés peu coûteux, pourraient conserver leur état primitif non pendant des années, mais pendant des siècles.

Le procédé de M. Baron mérite aussi des recherches attentives. On pourra sans doute faire des câbles, des tuyaux économiques. Sur route, d'ailleurs, la tranchée n'a plus besoin d'avoir comme dans les villes 1^m,50 de profondeur; 0^m,50 à 0^m,75 suffiraient. Peut-être ces réductions diverses pourraient-elles fournir un prix de revient accessible.

C'est dans ces deux voies qu'il me semble utile de

diriger les recherches. Mais quelle que soit la direction dans laquelle on s'engage, il faut placer au-dessus de toute autre considération celle de l'économie, sans laquelle les procédés les meilleurs en théorie restent à jamais irréalisables.

§ 5. — Des deux projets de lignes enfermées de Paris à Lyon et de Paris à Dieppe.

L'Administration des Télégraphes a fait connaître au Corps législatif (1), deux projets de lignes souterraines, l'un de Paris à Dieppe, l'autre de Paris à Lyon.

Voici les prix de revient de ces deux projets :

	Prix total.	Distance.	Prix par mètre courant.
	fr.	kil.	fr.
Paris à Lyon (par Auxerre et Châlons) (voie la plus courte)	4,131,000	452	9 10
Paris à Dieppe —	1,281,000	178	7 20

Ces prix, rapprochés des bases de prix du système Baron (2), montrent qu'il s'agit de lignes à sept fils enfermées dans des tubes qui pourront contenir pour la ligne de Dieppe 21 fils, pour la ligne de Lyon 35 fils.

(1) Rapport de M. Veauce, p. 40.
(2) Voir note B.

Ce double projet soulève d'importantes questions.

En entrant pour la première fois dans ce système de lignes enfermées à grandes distances, l'Administration a évidemment en vue d'inaugurer la construction de ce Réseau dont j'ai signalé la nécessité, et dont j'ai trouvé que la longueur devait être de 7,000 kilomètres.

Poser sur ces deux lignes de Lyon et de Dieppe, les plus importantes de toutes, sans doute, puisqu'elles sont choisies les premières, des tubes qui peuvent contenir au plus 21 et 35 fils, c'est admettre implicitement que, dans cette ère nouvelle où l'établissement du Réseau de lignes enfermées aura permis de donner un développement immense au service télégraphique, les deux plus importantes artères n'auront pas plus de 21 et 35 fils. A cet égard le doute est permis. Si l'on trace le Réseau de fils enfermés, comprenant non-seulement les fils directs d'un point à un autre de l'artère, mais les fils de détour dont j'ai parlé précédemment, si l'on veut prévoir au début, comme il y a intérêt au point de vue de l'économie de construction, les plus larges développements du service; on trouvera qu'après achèvement complet d'un Réseau mis en harmonie avec les besoins futurs de la correspondance télégraphique, les deux premières artères seront sans doute beaucoup plus surchargées de fils.

Quoi qu'il en soit, j'examine les projets eux-mêmes : ces projets, limités à des lignes de sept fils, n'ont évidemment d'autre but que d'améliorer le service des villes extrêmes qu'ils mentionnent. Ce but sera évidemment atteint ; mais qu'il survienne dans ce service spécial et restreint, désormais assuré, cinq cent mille dépêches de plus par an, les embarras renaîtront et les millions auront été dépensés.

On voit dès lors à quelles conséquences on serait entraîné :

Une ligne de sept fils en moyenne sur le Réseau de 7000 kilomètres, ligne qui serait absolument insuffisante, coûterait 50 millions.

J'ai déjà indiqué qu'une ligne de vingt-huit fils coûterait 128 millions.

Ces chiffres protestent contre le double projet.

Il est important de ne pas adopter ainsi le premier système reconnu bon, sans calculer les conséquences financières auxquelles il entraîne. Il faut prendre garde de créer un précédent dangereux en amorçant un mode de construction qui ferait vite oublier tous les autres, et serait bientôt, par la pente naturelle du fait accompli, généralisé sur tout le Réseau.

Je le répète, avant de commencer dans un système coûteux la construction de lignes enfermées sur le Réseau de la France, il faut étudier tous les procédés économiques et ne s'élever dans l'échelle des prix

qu'après avoir reconnu l'impossibilité des prix infé-
rieurs.

Le Gouvernement fera, je crois, acte de bonne économie en repoussant le double projet de l'Administration des lignes télégraphiques.

Il m'a paru très-important, dans l'intérêt du Trésor
public, de jeter ce cri d'éveil.

CHAPITRE II

APPAREILS.

L'emploi des machines automatiques pour la transmission des dépêches est, dans l'avenir, la grande solution du problème de la Télégraphie.

Cette vérité va ressortir évidente des considérations que je vais présenter.

On sait que dans un bon fil conducteur de 5 à 600 kilom. de longueur, on peut envoyer aisément 20 ou 30 courants parfaitement nets par seconde (1). Ces courants, rapides comme la pensée, traversent le fil sans confusion, en conservant toujours entre eux l'intervalle de temps très-court qui les sépare, et produisant sur l'appareil d'arrivée des effets parfaitement distincts.

Le problème de la Télégraphie consiste donc, à trouver le moyen de transmettre sans discontinuité pendant les vingt-quatre heures de la journée 20 à 30 courants par seconde sur chaque fil du Réseau.

(1) La découverte de combinaisons ayant pour effet d'éviter l'accumulation de l'électricité dans les lignes, élèvera sans doute ce nombre de courants transmissibles par seconde.

Pour le résoudre, il faut, en premier lieu, créer un Réseau de lignes enfermées. Sans ces lignes en effet, il n'est pas, je l'ai démontré, de communication sûre.

Les lignes enfermées une fois construites, il faut adopter sur elles l'emploi d'appareils automatiques.

La transmission à la main, en effet, sur des lignes parfaitement sûres, n'est plus qu'un moyen lourd, languissant, suranné.

On va le comprendre :

Dans ce mode de transmission, chaque courant est produit par un mouvement de la main ; et en service normal et durable, un employé ne peut guère fournir plus de 2 à 3 mouvements, c'est-à-dire produire plus de 2 à 3 courants ou signes par seconde.

En outre, quelque attention, quelque habileté qu'il apporte dans son service, l'employé commet de fréquentes erreurs de transmission.

Enfin à tout propos, sa main quitte l'appareil, le reprend, le quitte encore. Il se produit ainsi, en pure perte, dans l'utilisation du fil, une série de petits chômages dont le total, à la fin de la journée, est considérable.

Tous ces inconvénients disparaissent par l'emploi des machines automatiques.

Avec ces machines, on le sait, le service comprend deux divisions très-distinctes : La composition, et la transmission.

La composition s'opère tranquillement, à l'écart,

en dehors du fil; on la vérifie, on la corrige jusqu'à
ce qu'elle soit parfaitement régulière.

La transmission s'opère seule par le mouvement
d'organes électriques et mécaniques ou chimiques.

Dans ces conditions, le mouvement des organes
transmetteurs, n'étant plus borné par une considération de fatigue, peut être réglé à la vitesse maximum qu'autorisent les propriétés de l'électricité, soit
20 à 30 courants par seconde.

La composition préalable étant régulière, la transmission reproduisant avec une fidélité mathématique,
à l'arrivée, tous les signes compris dans la composition, il n'y a pas d'erreurs possibles.

Enfin, la composition préalable de la dépêche permet de fournir un aliment incessant au fil de transmission, de telle sorte qu'à une dépêche composée
qu'on vient de transmettre, succède immédiatement
sans interruption une nouvelle dépêche composée
prête à être transmise.

Je ferai observer en passant, que l'appareil Caselli
dans lequel le travail de composition de la dépêche
est fait par l'expéditeur lui-même, offre un grand
exemple à imiter dans les recherches d'appareils automatiques.

Il n'y a pas de comparaison possible à établir entre
ces deux principes de l'emploi de la main et de l'em-

ploi des machines, au point de vue de la somme de travail réalisable en service normal, dans la transmission des dépêches. On sait quelle révolution a faite dans l'industrie en général la substitution des machines aux mains de l'ouvrier. Une révolution analogue sera accomplie en Télégraphie le jour où le principe que je viens de développer aura reçu du génie de l'invention sa réalisation matérielle.

Si l'emploi de la main doit être rejeté sur les lignes enfermées, il est au contraire indispensable sur les lignes établies en l'air.

Lorsque dans le cours d'une transmission surviennent ces mille petites irrégularités d'un instant qui jettent plusieurs fois la perturbation dans les signaux, l'employé qui transmet à la main peut s'arrêter, se reprendre, ralentir la vitesse de transmission, en un mot, faire varier son jeu comme varie l'état des communications, de façon à intercaler sa dépêche par morceaux dans les divers moments favorables qu'offre par intermittence la ligne télégraphique.

Les appareils automatiques ne peuvent remplir le même office.

Aussi, l'on peut bien faire accidentellement usage de ces appareils sur les lignes aériennes aux heures de bonne communication, mais il serait impossible de fonder sur leur emploi les bases du service.

En terminant cet aperçu rapide, je ferai remarquer

combien l'usage des appareils à la main complique le service, combien l'usage des appareils automatiques · le simplifiera.

Aujourd'hui la multitude d'erreurs commises dans les transmissions oblige, pendant leur cours, à des interruptions, des répétitions incessantes, qui font perdre beaucoup de temps.

Malgré tous les soins, toute l'attention des employés, malgré le plus scrupuleux contrôle exercé par l'Administration, chacun sait combien les dépêches arrivent souvent tronquées à destination.

L'irrégularité des transmissions est tellement l'état normal, dans le service, que la loi récemment votée sur la Télégraphie a fixé une taxe double pour l'appareil Caselli, surtout parce qu'il offre sur les autres modes de transmission l'avantage de fournir des résultats toujours corrects (1).

D'un autre côté, on sait combien les retards subis par les dépêches sont fréquents et souvent considérables.

Ces deux circonstances entraînent avec elles tout un cortége de formalités. L'Administration, sans cesse exposée à des réclamations, a besoin de retrouver la trace de chaque dépêche; d'où résulte la nécessité d'une série d'écritures au milieu desquelles le service

______

(1) « ... L'appareil Caselli coûte donc le double, dit M. de Veauce dans son rapport, p. 34, mais avec son emploi, l'on peut éviter le collationnement ou la recommandation, tant la transmission bien écrite est certaine. »

de la transmission proprement dite s'opère péniblement.

Toutes ces formes administratives seront inutiles et supprimées lorsque, par l'emploi d'appareils automatiques sur lignes enfermées, les transmissions seront toujours régulières et immédiates. Le service y gagnera un temps précieux et une économie notable ; le public, une rapidité d'exécution, une sécurité qui lui manquent aujourd'hui ; enfin, la recette, un aliment nouveau dû à une meilleure satisfaction des besoins du public.

L'esquisse que je viens de tracer fait apercevoir que le service télégraphique est encore loin d'avoir atteint sa forme définitive.

CHAPITRE III

Les considérations qui précèdent montrent combien est large l'horizon ouvert au développement de la Télégraphie électrique.

L'idéal, dans ce mode de correspondance, le voici :

« Un grand nombre d'expéditeurs écrivent simultanément leurs dépêches à Paris ; on livre ces dépêches aux appareils télégraphiques, et en un temps très-court, elles sont toutes parvenues à leurs diverses destinations. »

Le jour où, sans frais, pour ainsi dire, on transmettrait de la sorte un millier de dépêches par fil et par 24 heures, la Télégraphie rapporterait à l'État des revenus considérables et aurait opéré une heureuse révolution dans les rapports sociaux comme dans la conduite des affaires.

Eh bien ! cet idéal n'est pas très-éloigné de nous. La science déjà le fait pressentir, et l'on entrevoit de même la possibilité de sa réalisation industrielle.

J'ai déjà montré, en effet, qu'il y avait de grandes espérances à fonder sur l'emploi des matériaux économiques, pour la création d'un Réseau de lignes sûres.

Ces lignes établies, j'ai indiqué combien la seule adoption du principe de la transmission automatique devait, indépendamment de toute question de système, multiplier les moyens d'action de la Télégraphie.

J'ajouterai enfin que les résultats déjà obtenus, soit par les appareils mécaniques, soit surtout par les appareils électro-chimiques, ont déjà résolu en principe le problème télégraphique. Il n'y a plus de grandes découvertes à faire pour la création d'appareils nouveaux ; il n'y a que d'ingénieuses combinaisons à trouver, et quand l'élan sera imprimé, très-certainement, on aura vite atteint le but désirable.

Il y a donc un puissant intérêt social à ouvrir libéralement à la Télégraphie la voie des progrès qu'elle sollicite et dont elle fournit déjà les principaux éléments.

TITRE TROISIÈME

DES TARIFS

CHAPITRE PREMIER

ORIGINE ET RÉSULTATS DE LA RÉFORME DES TARIFS, DE 1861

«... En Télégraphie, écrivais-je en 1856 (1), chaque instant de perdu est un service de moins rendu à la société, une somme de moins acquise au Trésor. Un simple particulier peut, il est vrai, aujourd'hui, moyennant une taxe, faire fonctionner le télégraphe pour son propre compte ; mais les moyens dont on dispose ne permettant de transmettre journellement qu'un nombre très-limité de dépêches, l'Administration doit nécessairement maintenir les taxes à un taux très-élevé, circonstance qui a pour résultat de n'ad-

(1) Mémoire (communiqué mais non imprimé) sur un nouveau système de transmission télégraphique (système qui a figuré à l'Exposition universelle de 1855).

mettre qu'une faible partie de la société au bénéfice
du télégraphe.

« Il faut donc économiser le plus de temps possible
dans les transmissions. L'économie du temps qui est
le but comme progrès social, doit être aussi le moyen :
il faut faire disparaître les pertes de temps constantes, par suite supprimer l'intervention directe des
agents et mettre une machine à la place de l'homme.

« Telle est la condition essentielle du progrès, et le
progrès, en Télégraphie, c'est l'abaissement des tarifs,
c'est la mise du télégraphe à la portée de toutes les
classes de la société. »

Pendant quatre années, je fis au sein de l'Administration des télégraphes de la propagande en faveur
de l'abaissement des tarifs sans parvenir à faire de
prosélytes.

En novembre 1859, j'eus l'honneur d'appeler sur
l'opportunité d'une réforme radicale l'attention de
l'Empereur (1).

---

(1) J'extrais les passages suivants de la correspondance volumineuse que
j'entretins, en 1860, pour répandre les idées de réforme télégraphique. J'é-
crivais :

A M. ***, 11 juillet 1860... « J'avais eu l'honneur d'appeler l'attention
de l'Empereur sur mes recherches télégraphiques pendant la visite de Sa Majesté, à l'Exposition de Bordeaux (octobre 1859). Je Lui avais dit qu'en
six mois, j'avais la certitude de mettre les dépêches à 1 et 2 francs pour toute
la France, et de rapporter au Trésor un revenu net de plusieurs millions. —
« Cette question m'intéresse beaucoup ! » me répondit Sa Majesté, et après
m'avoir interrogé sur mes relations avec l'Administration, Elle me demanda
de lui adresser un rapport. Ce rapport, que je fis imprimer, n'est autre, sauf
le titre et l'introduction, que ma brochure actuelle. Je l'ai gardée six mois

A cette époque, le tarif en vigueur était tel qu'une dépêche d'un bout à l'autre de la France, coûtait 12 fr. environ. Je proposai d'établir les deux tarifs uniformes de 1 fr. et 2 fr.

Le conseil général de la Gironde, trente chambres de Commerce, la presse parisienne et départementale, répondirent bientôt favorablement aux appels que je leur adressai.

Sous le patronage des membres de ces chambres de commerce, ou de personnes notables de chaque ville, 6000 principaux industriels et négociants de

sous presse, et lorsque j'ai vu qu'aucune réponse ne m'était faite, je me suis décidé à la publier. J'ai su depuis que mon rapport n'a pas encore été remis à l'Empereur, et cependant plusieurs fois Sa Majesté a demandé à M. le Ministre de l'intérieur, qui me l'a redit, d'abaisser les taxes. J'ai su aussi que M. le Ministre d'État se préoccupait de cette question, dont l'Empereur l'a entretenu. C'est donc l'Administration seule qui résiste, et j'espère qu'elle devra bientôt céder au vœu général et du Gouvernement et de la population. »

A M. *** : « J'ai l'honneur de vous remercier de l'intérêt que vous voulez bien accorder à mon travail sur la télégraphie, en le communiquant à l'Empereur. Depuis longtemps, je m'épuise en vains efforts contre l'Administration des télégraphes, qui oppose une inertie absolue à toute idée de progrès.» M. *** a bien voulu m'écrire récemment : « J'ai souvent parlé de l'abaissement des taxes à l'Administration. On m'a toujours répondu par de mauvaises raisons, auxquelles vous donnez la réponse péremptoire..... »

A M. ***, 4 juillet 1860. «... J'ai essayé de montrer la possibilité de mettre, en quelques mois, les dépêches télégraphiques à 2 francs dans toute la France, et de rapporter au Trésor un revenu net de plusieurs millions. M. le Ministre de l'intérieur a bien voulu me donner l'assurance qu'il m'aiderait de tout son concours. L'Administration des télégraphes néanmoins m'est hostile ; aussi ai-je l'honneur de solliciter la puissante influence de V. E. en faveur d'un progrès que je poursuis depuis plusieurs années et que j'ai la conviction la plus absolue de pouvoir réaliser. »

A M. *** «...J'entends dire que l'Administration élabore un projet de réduction progressive de tarifs vers celui que je propose, d'établissement de

France signèrent une pétition au Sénat, dont je donne le texte dans la note C.

Le renvoi de la pétition au ministre de l'Intérieur fut ordonné dans la séance du Sénat du 5 mai, sur le Rapport de M. le marquis de La Rochejacquelein.

Vers cette époque, le Gouvernement prit résolument l'initiative de la Réforme, et le 3 juillet 1861, fut promulguée la loi qui la consacrait.

Cette loi a réduit à 1 fr. pour les départements, 2 fr. pour le reste de la France, la taxe des dépêches alors établie par zones.

Le succès de la réforme a été immédiat. Il s'est manifesté non-seulement dès la première année, mais

---

zones, etc. Si elle s'engage dans cette voie, elle fera en plusieurs années ce qu'elle pourrait accomplir en un jour. »

A M. *** : « J'essaie en ce moment de mettre à l'ordre du jour la question de l'abaissement des taxes télégraphiques, parce que j'ai la conviction, contraire à celle de l'Administration, qu'elle peut être résolue d'une manière favorable aux intérêts du pays. »

A M. ***, 14 août 1860... « Il est regrettable que l'Administration des télégraphes soit hostile à l'abaissement des taxes. J'ai eu lieu de remarquer à cet égard un fait extrêmement curieux : Toutes les personnes que j'ai consultées en dehors de l'Administration, sont d'avis que l'abaissement des taxes, en augmentant considérablement le nombre des dépêches, fera augmenter les recettes. Au sein de l'Administration, au contraire, chacun est convaincu que le nombre de dépêches augmentera peu et que les recettes resteront inférieures à ce qu'elles sont aujourd'hui. Cette hostilité retarde une réforme qui, sans doute, exercerait une précieuse influence sur les conditions matérielles et morales de notre société. Je m'efforce en ce moment d'appeler sur son utilité l'attention du Gouvernement. »

Je pourrais multiplier les citations.

Je ne reproduis pas les adhésions et encouragements très-nombreux que je reçus en 1860 en réponse aux appels que j'adressai dans toutes les directions.

même dès le premier mois de l'application de la
loi (1).

Voici, en effet, des chiffres éloquents :
La réforme a reçu son commencement d'exécution
le 1ᵉʳ janvier 1862.

Le nombre des dépêches pour 449 stations avait été,
    en janvier 1861, de   51,122
Ce nombre, en janvier 1862, s'éleva, pour 508 sta-
    tions, au chiffre de **92,304**

    La recette de janvier 1861 avait été de . .   200,308 fr. 49 cent.
    Celle de janvier 1862 fut de **218,259 02**

Bientôt, lorsque je traiterai de la question des dépenses, on reconnaîtra que cet accroissement de recette brute est en réalité un accroissement de recette
nette.

Ce succès s'est maintenu. Je donne, dans le tableau

---

(1) J'écrivais, en 1860, en proposant cette réforme (*De l'abaissement des
taxes télégraphiques*, p. 23.) : « Nous sommes sur un terrain neuf, non encore exploité, où tout, pour ainsi dire est à créer, et l'on peut attendre d'un
abaissement de taxe un développement immédiat de la correspondance télégraphique. » Je m'attachai à démontrer « qu'un abaissement des taxes ferait
augmenter la recette nette. »

Le rapporteur du projet de loi, dans l'exposé des motifs, ne partageait pas
entièrement cette confiance : « Le premier effet de la nouvelle taxe, disait-il,
sera inévitablement l'abaissement du produit que reçoit le Trésor. »

Il ajoutait toutefois : « On est fondé à compter que dans un temps très-
court, l'usage de plus en plus répandu de la correspondance télégraphique
aura ramené à son niveau cette source de revenus publics. » Mais il ne se ren-
dait pas un compte bien net de la solidarité qui existe entre l'intérêt du pays
et celui du Trésor public, car il terminait par ces mots : « Au surplus, ni le

suivant, les chiffres que j'extrais de la statistique annuelle de l'Administration des télégraphes:

Effets de la réforme de 1861.

Années.	Nombres de stations.	Nombres de dépêches.	Recettes.	Produit moyen d'une dépêche.
			fr.	fr.
1859	240	598,701	4,022,799 78	6 72
1860	364	711,652	4,144,082 71	5 82
1861	449	920,609	4,949,737 96	5 34
1862	508	1,518,044	5,302,440 55	3 50
1863	537	1,754,866	5,937,904 93	3 38
1864	610	1,967,748	6,123,272 06	3 06

On s'étonnera peut-être, à l'inspection de ce tableau, que le produit moyen d'une dépêche n'ait pas subi une plus forte réduction par la réforme.

Cela tient à l'absence d'une distinction nécessaire

Gouvernement, ni le Corps législatif, n'ont jamais placé en première ligne la considération du revenu que la Télégraphie pouvait donner à l'État, et dût ce revenu demeurer plus longtemps qu'il n'est présumable au-dessous de ce qu'il a été jusqu'ici, le Gouvernement pense que la loi qu'il vous propose aura encore fait une chose éminemment utile et avantageuse en multipliant, par le double effet d'un tarif uniforme et peu élevé, pour tous les intérêts de famille d'industrie et de commerce, les précieuses facilités de correspondance télégraphique. »

Voici ce que disait, à la même époque, la chronique des *Annales télégraphiques* (mars, 1860 p. 239), recueil publié par un comité de fonctionnaires de l'Administration :

« Est-il probable qu'une diminution, même forte, des taxes actuelles, développera dans une grande proportion l'usage du télégraphe? En d'autres termes, les communications télégraphiques correspondent-elles à un besoin général fréquent et urgent? Tout porte à répondre négativement. »

dans la statistique. Comme elle le faisait autrefois, l'Administration devrait classer les dépêches selon leur nombre de mots. Il est certain qu'une dépêche de 40 mots devrait être comptée pour deux dépêches. Au contraire, lorsqu'on établit le total du nombre des dépêches par expéditions, quelle que soit la longueur de chaque dépêche, on additionne des éléments hétérogènes, et le chiffre résultant n'apprend rien de précis sur la quantité totale transmise. Plus que jamais, cette distinction était nécessaire dans la statistique actuelle; depuis l'abaissement des taxes, en effet, les dépêches sont devenues plus longues, et le tableau précédent, pour être complet, devrait donner, année par année, le nombre de mots moyen d'une dépêche. C'est une lacune importante à signaler.

L'observation précédente ne suffit encore pas pour rendre un compte exact de l'influence de la réforme, car les 700 mille dépêches de 1860 sont dues à 364 stations, tandis que les 2 millions de 1864 sont dues à 610 stations.

Voici une décomposition plus complète :

Il existait en 1860	364 stations.
Il a été ouvert de 1860 à 1864 :	
Dans les mêmes villes	25
Dans les villes nouvelles.	221
Total en 1864	610

D'après un long et minutieux relevé que la statistique administrative m'a permis de faire, les 221 stations créées en ces quatre ans, ont donné, en 1864, une recette de 252,954 fr. 05 c. formée par un total de 118,796 dépêches.

Or, l'ouverture de ces bureaux a donné lieu non-seulement aux dépêches expédiées par eux vers l'ancien réseau, mais à des dépêches de l'ancien réseau vers eux et dont cet ancien réseau a bénéficié, ce qui double les nombres précédents dus aux 221 stations nouvelles.

Par conséquent, pour connaître l'influence de la réforme de 1862 sur les 364 stations existant en 1860, il faut défalquer des chiffres de 1864 :

2 fois 252,954 fr. 05 cent. = 505,908 fr. 10 cent., pour la recette.

2 fois 118,796 fr. = 237,592 fr., pour le nombre des dépêches.

Voici donc, en définitive l'influence de la réforme de 1862, sur les 364 stations de 1860 :

	Nombre de dépêches.	Recettes brutes.	Produit moyen d'une dépêche.
1860. 2 ans av. la réforme.	711,652	4,144,082 fr. 74 c.	5 fr. 82 c.
1864. 3 ans ap. la réforme.	1,730,156	5,617,363 96	3 24

Ainsi la recette a augmenté de **36** pour 100 ;

Le nombre de dépêches, de **142** pour 100. Beaucoup plus, en réalité, si l'on tient compte de la longueur des dépêches, longueur nécessairement plus grande sous l'empire du nouveau tarif.

Ainsi, nous avions en 1861 un réseau déjà vaste de lignes télégraphiques, reliant les 364 principales stations de France. Ce réseau sommeillait dans une inaction relative. Une loi est intervenue : Une plus grande masse de services ont été rendus au pays et des sommes plus importantes sont entrées au Trésor public.

Il faut se féliciter de tels résultats. Ils sont un bienfait pour le présent, un encouragement pour l'avenir.

L'Administration a, je l'ai dit, pris, en 1864, l'initiative d'une réduction spéciale de tarifs dont les résultats ont immédiatement dépassé toutes les espérances :

Un décret du 13 août 1864 a réduit à 50 centimes le prix des dépêches de Paris pour Paris.

« Dans le mois qui a précédé l'établissement de la taxe nouvelle de 50 centimes, disait à la Chambre M. le baron de Bussierre, commissaire du Gouvernement, dans la séance du 28 mai 1866, le nombre des dépêches de Paris pour Paris n'avait été que de 700. Dès le mois suivant, ce nombre s'est élevé à 1800; puis il a suivi une progression d'une rapidité inouïe de 4,000 à 6,000, à 8,000, à 12,000, à 20,000;

enfin, en décembre dernier, le nombre des dépêches s'est élevé à 23,000.

La progression s'est soutenue dans l'année actuelle, si bien que pendant le mois d'avril dernier, le nombre des dépêches a dépassé 30,000. »

Un abaissement de moitié de la taxe a ainsi accru en moins de deux ans le nombre des dépêches dans le rapport de 1 à 40.

Ces chiffres démontrent, d'une manière éclatante, que lorsque la demande d'un produit éminemment utile est encore très-restreinte, l'abaissement du tarif imprime en peu de temps un grand essor à la consommation de ce produit.

C'est cette consommation large, développée, qui doit être le but de toute industrie. Par elle, on arrive à l'économie dans la production, économie qui favorise des abaissements de tarifs nouveaux, des développements nouveaux de la consommation elle-même ; par elle on multiplie les services rendus à la population apte à consommer ; par elle, enfin, on atteint la plus grande somme de bénéfices, on atteint cet état stable sur lequel se fondent le mieux le travail et la prospérité industrielle.

J'ai fait ressortir, dans deux ouvrages précédents (1),

---

(1) De l'abaissement des taxes télégraphiques en France, 1860 ;
De l'abaissement des tarifs de chemins de fer en France, 1863.

toute la fécondité du principe de l'abaissement des tarifs. Je ne reviendrai pas sur les développements que j'ai déjà présentés. Je tiens seulement à signaler le caractère général de timidité qui, en cette matière, domine non-seulement l'opinion publique, mais même les grandes industries. Partout où, la production s'opérant dans des conditions économiques, les tarifs éloignés du prix de revient spécial de fabrication s'abaissent, la consommation se développe, les bénéfices industriels augmentent, et cependant l'on n'ose pas opérer ces abaissements. On se laisse arrêter par des objections, des craintes chimériques, lieux communs qu'il est toujours possible d'opposer à tout projet de réduction de prix. Il est très-désirable, dans l'intérêt de la production comme dans celui de la consommation, que les hommes appelés à imprimer le mouvement aux grandes industries monopoles aient l'intelligence et l'initiative nécessaires pour établir toujours une harmonie parfaite entre la fixation des tarifs et les besoins auxquels ces tarifs répondent.

CHAPITRE II

D'UN NOUVEL ABAISSEMENT DES TARIFS

§ 1. — Importance des tarifs.

Le tarif est la loi suprême d'où dérive la situation d'une industrie. Par le tarif, une industrie est restreinte, inoccupée, sans force et sans profits, comme par le tarif aussi, elle est étendue, active, puissante et prospère.

La fixation des tarifs est donc l'acte fondamental de l'Administration, celui qui doit être accompli le plus avec intelligence ; il exige de sérieux travaux préliminaires, une étude constante des résultats acquis, et doit subir successivement toutes les modifications que dictent les temps et les circonstances.

§ 2. — Le meilleur tarif est celui qu'établirait la libre concurrence.

Dans les industries monopoles, comme celle de la Télégraphie, la fixation des tarifs émane du libre arbitre de l'action directrice. Nulle obligation, nulle

7

contrainte. L'industrie fixe les tarifs selon ses vues ; la consommation s'y soumet, quels qu'ils soient.

Ces tarifs concernent deux intérêts essentiellement opposés : l'intérêt de l'industrie, l'intérêt de la consommation.

Je vais démontrer cette loi d'harmonie économique, que le tarif qui établit la balance la plus équitable entre les intérêts antagonistes du producteur et de la consommation, est le tarif qu'établirait la libre concurrence.

Le producteur, en effet, a intérêt à ce que les prix soient le plus élevés possible.

Le consommateur, au contraire, a intérêt à ce que les prix soient le plus bas possible.

Il y a donc un certain prix intermédiaire, qui tenant compte des intérêts contraires de chaque partie, établit entre eux la balance équitable.

Quel est ce prix ?

Le prix qui s'établit sur les marchés de libre concurrence par le débat de l'offre et la demande, en donne l'expression la plus juste.

Car, puisque le libre débat permet aux deux parties de parcourir ensemble l'échelle des prix, on sait que l'intérêt privé est assez intelligent en principe, pour que ces deux parties adverses, dont l'une tend toujours à monter l'échelle et l'autre à la descendre, s'arrêtent ensemble au point qui, tout bien considéré de part et d'autre, procure la plus grande somme d'avantages au groupe formé par les deux intérêts contraires.

§ 3. — Le tarif établi par la libre concurrence est celui qui procure le plus grand bénéfice net à la production.

Voici encore une loi d'harmonie économique qui fait suite à la précédente : les prix établis par la libre concurrence sont ceux qui procurent à la production le plus grand bénéfice net.

Car si la production, concluant un certain prix sur le marché libre, laissait, par mégarde, inappliqué un prix plus élevé ou plus bas (1) qui serait accepté par la consommation et qui procurerait un bénéfice net plus élevé, elle s'en apercevrait bien vite, elle, être collectif à mille têtes, qui veille partout, vigilante, et elle l'appliquerait aussitôt.

Elle le prouve tous les jours par les variations de prix que subissent les produits, non selon les variations du prix de revient, comme de grands économistes l'ont soutenu, mais selon les circonstances de l'offre et la demande.

Certains théoriciens ont donc tort de croire que

---

(1) Plus bas, parce que l'abaissement du prix peut augmenter la consommation dans des proportions assez larges pour accroître le bénéfice net.

la libre concurrence restreint toujours les bénéfices
à leurs dernières limites. Rien n'est variable comme
les bénéfices du commerce : Ils sont variables de
0 à 20 pour 100 du prix de revient dans le commerce
en gros, de 0 à 100 et même 200 pour 100 dans le
commerce en détail.

Ainsi la libre concurrence n'a pas pour effet de réduire indéfiniment les bénéfices que la production
réalise sur chaque produit, mais bien d'amener ces bénéfices aux taux où l'ensemble de la production réalise
le plus grand bénéfice total.

Et la théorie, comme l'expérience, démontre que
toujours le plus grand bénéfice total de la production
est réalisé lorsqu'elle se contente sur chaque produit
d'un bénéfice d'autant plus modéré que la production
est plus économique.

Il résulte des deux lois précitées cette loi nouvelle
que le tarif qui établit la plus juste balance entre
les deux intérêts opposés qu'il concerne est, en principe, celui qui rapporte à la production le plus grand
bénéfice net.

C'est ce tarif qu'il faut appliquer.

§ 4. — Les industries monopoles ne fixent générale-
ment pas le meilleur tarif.

L'industrie monopole, je l'ai dit, a le pouvoir arbitraire de fixer ses tarifs.

Dans son propre intérêt, elle doit appliquer le tarif qui lui rapporte le plus fort bénéfice net.

Dans l'intérêt de la consommation, elle doit choisir, sur l'échelle des tarifs applicables, celui qui répond le mieux aux besoins des consommateurs.

Par une belle loi d'harmonie économique, ces deux tarifs se confondent, le même tarif remplit le double but, et ce tarif est celui que la libre concurrence eût naturellement établi.

Cette situation est faite pour inspirer *a priori* une grande confiance. Laissez faire l'industrie monopole, dit-on à la consommation ; son intérêt la guide et l'intérêt seul lui fera appliquer le tarif qui vous convient le mieux.

Entre mille, voici un exemple de ce langage que je trouve dans le rapport du budget de la session dernière du Corps législatif, en réponse à un amendement de MM. Haentjens et Brame, sollicitant l'abaissement des tarifs de chemins de fer (1) :

« ...Si la modification proposée par nos honorables

(1) M. Du Miral, rapporteur.

collègues doit, au contraire, comme ils semblent le penser, augmenter le produit des chemins de fer et procurer un double avantage à l'État et aux Compagnies, elle (la Commission) estime que celles-ci ont assez de sollicitude pour leurs intérêts et une connaissance assez complète de ce qui peut leur être profitable, pour provoquer elles-mêmes, s'il y a lieu, ce résultat.

Nous n'avons pas adopté l'amendement. »

Espérance trompeuse, sur laquelle on sommeille avec d'autant plus de sécurité qu'elle a toutes les apparences de la réalité.

Je vais en donner la raison :

L'industrie monopole, uniquement préoccupée de ses intérêts, a pour programme, ainsi que je l'ai établi, de fixer de sa propre autorité un tarif qui soit identiquement celui qui serait fixé, sous le régime de libre concurrence, par le débat de l'offre et la demande.

Or, en général, il arrive ceci : c'est que pour passer d'un certain bénéfice total à un bénéfice total plus considérable, il faut passer d'un bénéfice partiel sur chaque produit vendu à un bénéfice partiel moindre.

Ainsi, si on gagne 100,000 fr. en vendant un produit 11 fr., il faudra par exemple, pour gagner 125,000 fr., le vendre 8 fr.

Eh bien ! lorsqu'on dispose des tarifs, on ne se persuade pas aisément que cette nécessité soit sou-

veraine ; on a toutes les peines du monde à se décider
à abaisser un tarif, et quand on s'y décide, ce n'est
que lorsque l'avantage en est dix fois démontré.

Mais comment démontrer cet avantage? En général, on manque de bases absolument certaines pour
cette appréciation, et dans le doute, on maintient les
tarifs élevés.

Une circonstance particulière complique encore la
question, et rend plus difficile l'initiative qui doit
abaisser les tarifs par un acte arbitraire :

Si on abaisse un tarif, il arrive d'ordinaire que,
pendant quelque temps, le bénéfice net de la production diminue, pour augmenter ensuite plus vi-
vement, de sorte que, au bout de quelques années,
le bénéfice total est plus grand qu'il n'eût été avec
le maintien du tarif primitif.

Ainsi prenons l'exemple de la Poste :

On a abaissé de moitié la taxe en 1847. Pendant les
premières années, le bénéfice de la Poste a beaucoup
diminué, puis il a crû avec une intensité plus grande
que par le passé, et si l'on fait le compte se rapportant à quinze, vingt ans, on trouve que le régime de
la réforme a été plus avantageux à la Poste que le
régime du maintien.

Sous l'empire de la libre concurrence, les modifications de prix qui doivent amener de tels résultats
pour la production, s'opèrent d'eux-mêmes par les
frottements incessants de l'offre et la demande, qui

dépouillent le prix de toutes ses inutilités pour l'amener à la valeur exacte qui correspond au plus grand avantage des deux parties adverses.

Ces frottements occasionnent bien chez les uns des sacrifices, chez les autres des souffrances, des ruines, mais ce sont là les victimes sacrifiées à l'accomplissement des lois économiques, comme sont les champions dont le sang coule sur les champs de bataille, et qu'on oublie, pour ne se ressouvenir que des résultats de la lutte.

Voilà par quels effets complexes, puissants, fatalement nécessaires, les prix librement débattus arrivent naturellement, sur les marchés, à cette valeur précise qui, tenant exactement compte des ressources de la production et des besoins de la consommation, établit entre leurs intérêts la balance la plus équitable.

Mais par le fait même que l'infinité de rouages qui fonctionnent sur le marché libre opère ainsi un travail compliqué, difficile, prodigieux de force réductive sur les prix, demander un tel travail à l'action libre, arbitraire, spontanée de l'industrie monopole, c'est lui demander, à cette industrie dont les forces, absorbées par le travail quotidien de l'action administrative, sont affaiblies pour l'action accidentelle d'initiative, un effort qui les dépasse.

Voilà pourquoi une initiative supérieure, plus libre, plus clairvoyante, plus vigoureuse, par cela même plus sûre, est toujours nécessaire pour la fixation des tarifs des monopoles.

Jetons un simple coup d'œil sur notre histoire économique : Il a fallu, dans une révolution qui a renouvelé l'ordre social, déraciner les monopoles pour détruire les erreurs fatales par lesquelles ce régime a toujours comprimé, au détriment de la prospérité publique, l'essor du commerce et de l'industrie.

§ 5. — En Télégraphie, tout accroissement de recette constitue un bénéfice net.

Ces considérations posées, je rentre dans la question Télégraphique.

Dès le début de cette étude de tarifs, je dois établir une proposition très-importante, c'est qu'en Télégraphie, tout accroissement de recette brute constitue un bénéfice net.

En voici la démonstration :

On sait que, dans toute industrie de production, les dépenses se décomposent en deux catégories, les *dépenses générales* et les *dépenses spéciales*.

Les dépenses générales sont celles qui existent par le fait même de l'existence de l'industrie, indépendamment des produits qu'elle crée. Ainsi dans un chemin de fer, le produit créé, c'est la place offerte au voyageur ou à la marchandise. Quel que soit le nombre de trains, quel que soit le trafic, il faut faire les dépenses générales des services centraux, de l'entretien des bâtiments, des chefs de gare et stations, des barrières de la ligne, etc., etc.

Au contraire, les dépenses spéciales sont celles qui sont spécialement nécessitées par le fait de la production. Elles sont par cela même proportionnées au nombre de produits créés. Ainsi, dans le même exemple, il faut une dépense de charbon, d'usure de matériel roulant, de personnel des trains, proportionnée à la circulation des trains, c'est-à-dire des places offertes.

Une recherche est donc nécessaire dès l'abord : quel est le prix de revient spécial d'une dépêche télégraphique ?

Les dépenses du Service télégraphique présentent ce caractère remarquable, qu'elles sont toutes, en certaines limites, des dépenses générales. Les dépenses spéciales sont à peu près nulles.

Les dépense d'administration centrale, de stations télégraphiques, de fils, d'appareils, de piles sont, en effet, en certaines limites, indépendantes du nombre de dépêches ; il faut les faire par le seul fait que le service télégraphique est organisé et qu'il est ouvert au public ; il en est de même pour le per-

sonnel, car ce personnel est disséminé sur toute
l'étendue de la France, et, quel que soit le nombre de
dépêches, il faut partout du personnel.

Ainsi que je l'ai indiqué, la classification qui précède n'a lieu qu'en certaines limites. Il est évident
que si, dans une même station, le nombre des dépêches augmente, il faudra à un certain moment
accroître le nombre d'employés, d'appareils et même
de fils et de lignes. Ce sont là des *dépenses de transition*, qu'il faut se féliciter d'avoir occasion de faire
puisqu'elles sont nécessitées par un accroissement de
dépêches, et qui, une fois faites, établissent des limites
nouvelles entre lesquelles la classification précédente
doit encore être opérée.

Les distinctions que je présente ici sont extrêmement importantes.

Il est très-remarquable de trouver une industrie
dans laquelle la dépense spéciale du produit créé
soit nulle.

Il faut donc considérer les dépenses de la Télégraphie comme des dépenses qui, en de larges
limites, ont lieu, quel que soit le nombre de dépêches.
Que le réseau actuel donne cent mille, deux millions ou dix millions de dépêches par an, les dépenses actuelles existent quand même, invariables,

par le seul fait de l'ouverture du service de la Télégraphie privée au public dans toute la France.

Dans cet état de choses, toute recette brute est évidemment un bénéfice net.

Cette situation est extrêmement favorable à un abaissement de tarifs. En général, quand on abaisse le tarif d'un produit industriel, la consommation de ce produit augmente; par suite, les dépenses que l'on doit faire pour le fabriquer, ces dépenses désignées sous le nom de dépenses spéciales, augmentent: cela étant, il faut, pour que le nouveau tarif soit préférable à l'ancien, que la consommation ait augmenté assez pour compenser d'un côté la diminution de recette sur chaque produit et de l'autre l'accroissement de la totalité des dépenses spéciales.

En Télégraphie, je le répète, les dépenses spéciales sont nulles. Par conséquent, si l'abaissement de tarif donne une augmentation de recette brute, tout l'excédant de recette brute devient un bénéfice net. Il n'y a à en retrancher aucune dépense supplémentaire due à l'excédant de production.

§ 6. — Le tarif télégraphique actuel n'est pas celui qui donne le plus grand bénéfice net.

Le meilleur système de tarifs à appliquer sur toutes les lignes du Réseau, dans le double intérêt du Trésor public et de la population, est donc celui qui sur chaque ligne doit donner la plus forte recette.

Quel est ce tarif pour chaque ligne?

Je ne puis encore le définir, mais il y a un fait positif qui frappe immédiatement l'esprit, c'est que, si le tarif actuel est celui qui, sur les lignes les plus occupées, donne la plus grande recette, très-certainement il ne la donne pas sur les lignes moyennement occupées et encore moins sur celles qui sont occupées faiblement.

Ainsi, lorsque dans les petits postes télégraphiques en province les employés dorment sur leurs appareils ou lisent des romans en attendant des dépêches qui ne viennent pas, bien certainement, le tarif qui produit ce résultat n'est pas celui qui procure la plus forte recette.

Voici, du reste, quelques chiffres qui le prouvent:

Les 221 stations créées de 1861 à 1864 ont donné, en 1864 (1), un nombre de 118,796 dépêches et une recette de 252,954 fr. 05 c., soit, par station et par jour, en moyenne, une dépêche et demie rapportant 3 fr. 13 c.

« Lorsque ont été faits les calculs de 1865, dit M. le baron de Veauce, dans le rapport sur le dernier projet de loi télégraphique, les 274 bureaux munici-

____

(1) Ces chiffres résultent d'un dépouillement de la statistique administrative.

paux existant alors à l'état de rapport avaient
donné 104,475 fr. 58 c. »

Cette somme correspond à 1 fr. 04 c. de recette, en
moyenne, par station et par jour.

Enfin, M. le Directeur général des lignes télégraphiques dit dans son rapport sur le projet de fusion
des Postes et Télégraphes, p. 17 :

« 700 gares sont ouvertes à la Télégraphie privée,
elles ne produisent pas annuellement une recette de
150,000 fr., » soit 0,60 de dépêche par station et par
jour.

Il ne faut pas paralyser ainsi par des tarifs in-
habiles le don précieux que l'État a fait au pays, en
établissant un vaste Réseau télégraphique.

§ 7. — Le principe de l'uniformité du tarif est commode, mais non nécessaire.

L'observation qui précède m'amène à présenter
quelques considérations sur le principe de l'uniformité du tarif.

Ce principe a un grand avantage, la simplicité;
mais il n'en a pas d'autres.

Au point de vue de l'égalité qu'il établit entre
toutes les personnes que le tarif concerne, il existe
dans quelques esprits une confusion qu'il importe de

dissiper : Si deux citoyens d'une même ville présentant chacun au même bureau une dépêche de longueur égale, pour la même destination, devaient payer des prix différents, il y aurait dans ce fait une inégalité choquante, inexplicable, et à laquelle on opposerait victorieusement le principe d'égalité. Mais que le prix des dépêches varie pour chaque ville, selon les conditions du Réseau télégraphique, rien n'est plus légitime. Et qu'on le remarque bien, ce n'est pas la distance que je considère ici comme la base de la variation, mais l'état du Réseau, le nombre de ses communications, sa puissance de transmission.

Cette variation du prix d'un même objet selon les localités est la règle commune. Que d'objets de consommation journalière coûtent plus cher dans les grands centres de population que dans les petits! Tout le monde considère cet état de choses comme très-naturel, et il n'entre dans la pensée de personne de trouver dans ces différences une violation du principe d'égalité.

Qu'on examine, par exemple, les diverses Compagnies de chemins de fer. Ont-elles des tarifs égaux sur tous les points du territoire? Non; chacune a son tarif, établi selon ses convenances, et les prix du transport de la houille, du minerai, de la pierre, sont plus bas sur tel chemin que sur tel autre et dans le même Réseau, sur tel point que sur tel autre.

En ce qui concerne la Télégraphie, supposons un instant que la faculté de transmettre des dépêches fût abandonnée à l'industrie libre, que par conséquent il y eût de grandes et de petites Compagnies exploitant les grandes et les petites lignes. Sans nul doute, les tarifs, en présence des intérêts fort différents et fort indépendants qui présideraient, dans chaque Compagnie, à leur fixation, seraient variables selon les convenances de chacune d'elles.

Il y aurait un moyen d'arriver à l'uniformité, ce serait de créer un Réseau dont les forces fussent distribuées en conséquence de ce but d'uniformité. Ainsi supposons que le tarif de 1 fr. donnât sur une ligne 50 dépêches à l'heure, sur une autre 500 ; si la première ligne avait un fil et la seconde 10, non-seulement on pourrait, mais, économiquement, il faudrait adopter sur ces deux lignes l'uniformité du tarif.

Tant que le service n'a pas acquis la maturité voulue pour établir cette harmonie entre le tarif, la puissance de transmission et les demandes de la consommation, il faut recourir au système de complication qui est la conséquence naturelle, rationnelle, nécessaire de cette absence d'harmonie.

Ainsi en prenant le Réseau télégraphique tel qu'il existe en ce moment, il ne faudrait lui appliquer le principe de l'uniformité du tarif que s'il n'existait pas d'intérêt supérieur à celui de la simplicité que ce principe procure. Il n'en est pas ainsi, je l'ai démontré ; il faut donc renoncer momentanément à cette uniformité. Priver le Trésor public d'importants bénéfices, la population de services précieux, pour maintenir uniforme le tarif des dépêches dans toute la France, ce serait payer chèrement une fausse doctrine.

Par conséquent, puisqu'il y a un grand intérêt à établir, en Télégraphie, un tarif variable avec la puissance des lignes, l'Administration, en agissant ainsi, accomplira un acte que légitiment à la fois le fait public et la nature des choses.

Le tarif le meilleur est toujours celui qui utilise le mieux les forces dont on dispose. Une ligne télégraphique existe : le tarif qui l'utilise complétement est un tarif excellent. Il faut le maintenir (1). **Au** contraire, le tarif qui la laisse moyennement ou faiblement occupée, de telle sorte que la majeure partie du temps, l'employé se croise les bras en face de son appareil, attendant en vain des dépêches, est un tarif trop élevé ; il faut l'abaisser.

Il y avait, en 1861, un grand pas à franchir en Télégraphie. Il fallait, par une mesure radicale, faire

(1) La correspondance électrique étant encore peu développée, elle est dans cette période de vive croissance, de jeunesse, si je puis parler ainsi, où à tout abaissement du tarif correspond une augmentation *plus grande* de la recette.

Par conséquent, le tarif qui fournit un nombre de dépêches tel que la ligne soit pleinement occupée, donne une recette plus forte que ne donnerai tout tarif supérieur.

descendre le prix des dépêches des hauteurs où pendant une trop longue période de dix années il avait été maintenu. Dans ce cas, l'uniformité de tarif était très-utile. Le grand abaissement du tarif, en effet, était le vif intérêt du moment, et il fallait le favoriser par tous les moyens possibles, entre autres par la simplicité.

Aujourd'hui les circonstances sont changées.

Il convient d'appliquer à chaque époque les doctrines qui s'harmonisent le mieux avec ses besoins.

§ 8. — Le tarif doit être abaissé.

L'étude des tarifs télégraphiques porte aujourd'hui tout entière sur la marge qui existe entre 1 et 2 fr., maximum du tarif intérieur actuel.

Voici les résultats produits, pendant l'exercice 1865, par les tarifs de 1 et 2 fr., établis par la loi de 1861 :

En 1865, 953 stations télégraphiques ont fourni 2,473,747 dépêches, et produit une recette de 7,052,139 fr. 79 c.

2 millions 500,000 dépêches dans un pays de 40 millions d'habitants pour toute la France, lorsque la poste a transporté la même année 311 millions de lettres, c'est évidemment insuffisant. La correspondance télégraphique n'est pas encore vulgarisée.

Avec les relations si multipliées qui sont la conséquence de la grande masse d'intérêts matériels et moraux existant entre tous les membres de la population éparse dans le pays, on peut affirmer que les chiffres que je viens de citer ne donnent pas satisfaction pleine et entière aux besoins de correspondance télégraphique. Qu'on ne perde pas de vue l'exemple éclatant donné par les correspondances télégraphiques de Paris.

La consommation, on le sait, a un moyen admirable de faire connaître les tarifs qu'elle désire, dans l'accueil qu'elle fait aux tarifs existant. Rien n'est expressif comme les chiffres de la consommation. En rapprochant ces chiffres des considérations d'avantages, d'utilité offerts par le produit, on reconnaît bien vite si la consommation est saturée du produit ou si elle en est avide, si le tarif a atteint ses limites normales, stables, ou s'il doit être abaissé.

Le tarif de la Poste est l'image d'un tarif stable ; celui de la Télégraphie d'un tarif qui sollicite des abaissements.

§ 9. — Projet de bases pour la fixation de nouveaux tarifs.

L'Administration des Télégraphes a fait connaître à la commission du Corps législatif, chargée d'examiner le dernier projet de loi, les faits suivants (1) :

« Les transmissions du poste central de Paris s'élèvent à 12,559 par jour, en ce moment (mai 1866).

« On peut bien, sur ce chiffre, en attribuer 559 au service de nuit.

« ... La majeure partie des dépêches arrivent à la fois de midi à 3 heures. »

D'après ces renseignements, la journée de 24 heures se divise en trois parties, pour toute ligne télégraphique, au point de vue du degré d'occupation.

De midi à 3 h. **maximum** d'occupation.
De 8 h. du matin à midi, de 3 h. du soir à 8 h. du soir, **moyenne** d'occupation.
De 8 h. du soir à 8 h. du matin, **minimum** d'occupation.

D'ailleurs, les lignes elles-mêmes peuvent se diviser en :

Lignes principales, **maximum** d'occupation.
Lignes secondaires, **moyenne** d'occupation.
Lignes tertiaires, **minimum** d'occupation.

D'après ces divisions, et d'après ce qui a été dit plus haut du travail des lignes, les catégories suivantes doivent être établies parmi elles selon leur degré d'occupation :

(1) Rapport de la Commission, p. 24.

1re Catégorie. — Lignes principales, de midi
à 3 h.   Occupation complète.

2e Catégorie. — Lignes secondaires, de midi
à 3 h.
Lignes principales, de 8 h.   } Occupation moyenne.
du matin à midi, et de 3 h.
du soir à 8 h. du soir.

3e Catégorie. — Lignes tertiaires.
Lignes secondaires, de 3 h.
du soir à midi.   } Occupation faible.
Lignes principales, de 8. h.
du soir à 8 h. du matin.

Il y a donc lieu, si on laisse le Réseau télégraphique intact dans son état actuel, de diviser toutes les lignes dans les trois catégories que je viens d'indiquer, et d'appliquer un tarif différent à chaque catégorie, en maintenant à 2 fr. le tarif de la première catégorie et descendant l'échelle du tarif pour les deux autres.

Mais ici, une difficulté pratique se présente :

Théoriquement, il y a une grande convenance à fixer un tarif élevé sur les fils pleinement occupés; un tarif moindre sur les fils moyennement occupés ; un tarif moindre encore sur les fils faiblement occupés. Mais comment présenter cette combinaison au public? On ne peut évidemment astreindre chaque expéditeur à consulter l'itinéraire de sa dépêche pour l'application de la taxe. Ce serait une source de complications, d'erreurs dont la recette se ressentirait bientôt, et le seul but à poursuivre est de faire produire aux tarifs la plus forte recette.

La solution de cette difficulté est fournie par la note D. Avec de légères modifications dans la classification des lignes, modifications qu'on sera en droit de faire après avoir effectué quelques dépenses d'addition de fils, et quelques coupures de fils trop longs, on constate l'état de choses suivant :

Les fils interdépartementaux, départementaux, auxiliaires et cantonaux ont une longueur qui ne dépasse pas la distance d'un département ;

Les fils de moyenne communication ont une longueur comprise entre la distance d'un département et la distance de deux départements ;

Les fils de grande communication ont une longueur qui dépasse la distance de deux départements.

Si donc on établit, pour toute localité de France, les trois zones suivantes :

Distance au delà de deux départements;
Distance de deux départements ;
Distance d'un département ;

Et si l'on fixe un tarif décroissant selon ces trois zones, ce tarif remplira bien ce but, reconnu nécessaire, d'être proportionné à l'occupation des lignes.

On remarquera toutefois que, s'il est vrai que tout fil interdépartemental ne dépasse pas la distance d'un département, il n'est pas vrai que toute distance d'un département soit desservie par un fil départemental, de telle sorte qu'une dépêche d'un département au département voisin pourra en réalité exiger une transmission par un fil de moyenne communication. Mais ce sera l'exception ; lorsqu'on a construit les fils interdépartementaux, en effet, on a commencé par établir les plus importants. Ceux, donc, qui n'existent pas encore correspondent à des points qui ont entre eux peu de relations télégraphiques, et lorsque ces relations deviendront assez nombreuses pour gêner le service des fils de moyenne communication qu'elles empruntent, on saura d'une manière certaine que le moment sera venu de construire un fil spécial pour les desservir.

Cette correspondance, existant entre les zones départementales et l'occupation des lignes, permettra d'offrir au public le tarif le plus favorable à ses intérêts comme à ceux du Trésor public, sous une forme simple à l'esprit, facile dans l'application, et par conséquent très-pratique.

Les trois catégories qui doivent servir de base à l'application des tarifs sont donc les suivantes :

1re CATÉGORIE. — 1re Zone, de midi à 3 h.   Occupation complète.

2e CATEGORIE. — 2e Zone, de midi à 3 h.
1re Zone, de 8 h. du matin
à midi, et de 3 h. du soir   Occupation moyenne.
à 8 h. du soir.

3ᵉ **Catégorie.** — 3ᵉ Zone.
       2ᵉ Zone, de 3 h. du soir à midi.
       1ʳᵉ Zone, de 8 h. du soir à 8 h. du matin.
                    } Occupation faible.

Mais il y a mieux à faire encore en ce qui concerne les lignes de la première zone que je signale comme devant être maintenues au tarif de 2 francs.

D'abord, je vais montrer que ces lignes ne sont pas si complétement occupées qu'elles ne puissent, dans l'état actuel des choses, sans modification aucune, transmettre un plus grand nombre de dépêches.

Je considère la plus occupée, celle de Lyon. Cette ligne possède 4 fils. L'appareil Hugues fournit 50 dépêches à l'heure. Le service dure 15 heures. La ligne de Paris à Lyon représente donc une puissance de transmission de 3,000 dépêches.

Elle en transmet en réalité 1,600, et pour tenir compte des dérangements, de l'inégale répartition des dépêches du public selon le moment de la journée, je suppose que 1,600 dépêches représentent le nombre qui correspond à la pleine occupation d'une ligne de 4 fils : puisque quatre fils suffisent pour 1,600 dépêches par jour, un fil suffit pour 400.

Donc on peut dresser le tableau suivant :

LIGNE	NOMBRE de dépêches par jour donné au poste central.	NOMBRE de fils de la ligne.	TRANSMISSION possible à raison de 400 dépêches par fil.	Il est donc possible, dans l'état actuel du Réseau, d'accroître le nombre de transmissions dans le rapport de
Lyon . . .	1,600 à 1,700	4	1,600	»
Angleterre.	800 à 900	7	2,800	1 à 3
Bordeaux .	500 à 600	3	1,200	1 à 2
Belgique. .	350 à 400	5	2,000	1 à 5
Prusse. . .	300 à 400	3	1,200	1 à 3
Lille. . . .	400 à 500	2	800	1 à 8/5
Havre. . .	350 à 400	2	800	1 à 2
Rennes . .	350 à 400	1	400	»
Limoges. .	250 à 300	2	800	1 à 8/3
Rouen. . .	250 à 300	1	400	1 à 4/3
Nantes. . .	250 à 300	2	800	1 à 8/3
Strasbourg	125 à 150	1	400	1 à 8/3

On voit, par ce tableau, combien il est facile de faire passer toutes les lignes de la première catégorie dans la seconde. Il faut détruire cette première catégorie, il faut qu'il n'y ait pas de lignes pleinement occupées. Le moyen est simple, puisque l'addition d'un seul fil suffit pour augmenter de 400 dépêches par jour la puissance de transmission d'une ligne.

Voici donc le programme que l'Administration des Télégraphes a à accomplir pour satisfaire les vœux légitimes du public qui sollicite des abaissements de tarifs, et pour améliorer sa situation financière, si fortement compromise :

« Opérer, le lendemain même de la promulgation d'une loi qui l'autorise, l'abaissement des tarifs sur les lignes des deuxième et troisième catégories.

« Pour celles de la première catégorie, prendre un certain délai, six mois, par exemple. Dans cet intervalle, créer les lignes de fils, de poteaux, construire les appareils, instruire le personnel nécessaires à l'accroissement de la puissance de transmission, sur ces lignes principales. »

Quelques centaines de mille francs suffiront.

A l'expiration du délai, l'Administration sera en mesure d'étendre aux lignes de la première catégorie le tarif réduit appliqué aux lignes de la deuxième, de telle sorte qu'il ne reste que deux catégories et deux tarifs en vigueur, un pour chacune d'elles.

C'est, d'ailleurs, pendant ce délai qu'on mettra activement à l'étude là question des lignes enfermées, puisque, à la solution de ce problème fondamental, est attaché l'avenir entier de la Télégraphie.

Je termine ce paragraphe en faisant remarquer que, si le tarif que je suis conduit à proposer augmente avec la distance, c'est non en vertu d'un principe mais par accident. Le principe qui me guide, je l'ai dit, consiste, dans l'appropriation du tarif à l'état du Réseau. L'accident est que l'occupation des lignes augmente avec la distance. Cette observation se rattache dans un but purement théorique à la justification des tarifs différentiels.

§ 10. — Choix de nouveaux tarifs à 1 fr. et 0,50.

Et maintenant, quels doivent être ces deux tarifs qui, appliqués sur les lignes de la deuxième et troisième catégories, donneront la plus forte recette ?

L'absence de base positive pour asseoir les prévisions est, je l'ai dit, l'obstacle qui se présente presque toujours en matière de fixation de tarif.

Ici, toutefois, nous savons que le tarif de 2 fr. est beaucoup trop élevé.

Nous savons aussi qu'il faut adopter pour prix d'une dépêche un nombre simple, commode pour les calculs, commode pour les payements. On n'a donc guère qu'à choisir entre 0,25, 0,50, 1 fr., 1 fr. 50.

En se laissant surtout guider par le sentiment qu'inspire la connaissance de la situation générale des choses, on reconnaît que le tarif de 0,25 serait prématuré.

Le tarif de 1 fr. 50 ne constituerait pas une réduction assez radicale pour opérer un grand changement dans les habitudes du pays.

Je propose donc de prendre les deux termes moyens :

1 fr.   pour la 2e catégorie.
0   50 c. pour la 3e   id.

A ces prix, le nombre des dépêches va croître né-cessairement en de grandes proportions. Sans doute des extensions de lignes, de fils, deviendront un jour nécessaires ; on aura à faire des dépenses de transition. Qu'on se rassure : j'ai montré que, dans l'état actuel des choses, en négligeant tous les avantages que promettent, dans l'avenir, les progrès techniques restant à réaliser, un fil de plus procure un accroissement de 400 dépêches dans la puissance de transmission. 400 dépêches, à 0 fr. 50, procurent 200 fr. par jour, et, avec une recette de cette importance, on peut ardemment souhaiter que le Réseau de fils télégraphiques de la France soit indéfiniment accru.

§ 11. — Création de deux sortes de dépêches, ordinaires et urgentes.

J'ai un dernier point de vue à faire ressortir en matière de tarifs :

M. Cuper, dans une brochure intitulée : *la Réforme Télégraphique et la loi du 27 juin* 1861, a fait une proposition fort judicieuse et qu'il me semble très-nécessaire d'adopter.

Cette proposition avait déjà, en principe, été formulée par M. Descours, dans un amendement présenté au Corps législatif lors de la discussion de la loi de 1861. « Indépendamment des dépêches ordinaires, dont le prix est fixé à 2 fr., disait cet amendement, il y aura une catégorie de dépêches, dites d'urgence, qui seront transmises par un fil spécial, et dont le prix est fixé à 6 fr. »

Au fur et à mesure que la correspondance télégraphique se développe, le caractère de gravité des dépêches s'amoindrit de plus en plus. Quand les dépêches coûtaient 8 ou 10 fr. on ne se servait du Télégraphe que dans les circonstances sérieuses et importantes. Aujourd'hui, pour 2 fr., 1 fr., 50 c., on se demande des nouvelles de sa santé et l'on s'invite à dîner. Cette tendance ne peut que se développer.

Il résulte de cet état de choses que les dépêches d'une grande importance se trouvent mêlées, perdues parmi des dépêches d'un intérêt bien moindre, et telle dépêche banale peut, retardant celle qui la suit, compromettre les situations les plus graves.

Il faut donner à ces dépêches urgentes le moyen de percer la foule des autres dépêches, pour arriver les premières.

M. Cuper a signalé ce besoin, et indique le moyen simple d'y donner satisfaction, celui de faire payer l'urgence.

Je proposerais, non, comme M. Cuper, de doubler

le prix de la dépêche, mais d'augmenter ce prix de moitié.

Le Trésor public gagnera sans doute beaucoup à cette mesure : que de dépêches, les dépêches de Bourse, par exemple, consentiront à payer le supplément de tarif pour gagner du temps !

Le bénéfice que le Trésor public retirera de cette combinaison, présentera ce caractère remarquable, de ne pas accroître le travail de la transmission, et d'être réalisé par un simple classement des dépêches remises par le public.

§ 12. — Réforme de Tarifs proposée.

Comme conséquence des considérations qui précèdent, je propose d'opérer du jour au lendemain la réforme de tarifs suivante :

1° DÉPÊCHES ORDINAIRES.

	Pour 20 mots.	En sus pour chaque fraction indivisible de	
		5 mots.	10 mots.
1re Catégorie. — 1re Zone (distance au-delà de 2 départements) de midi à 3 h.	2 fr.	0,50	»
2e Catégorie. — 2e Zone (distance comprise entre 1 et 2 départements) de midi à 3 h. 1re Zone, de 3 h. du soir à 8 h. du soir et de 8 h. du matin à midi.	1	0,25	»

3ᵉ Categorie. — 3ᵉ Zone (distance de 1 département.)
2ᵉ Zone, de 3 h. du soir à midi.
1ʳᵉ Zone, de 8 h. du soir à 8. h. du matin.

0,50 » 0,25

2° DÉPÊCHES URGENTES.

Les dépêches urgentes sont classées dans l'ordre de transmission avant les dépêches ordinaires, et paient une taxe égale à celle de la dépêche ordinaire augmentée de moitié.

La 1ʳᵉ catégorie devant être fondue dans la 2ᵉ dans un délai de six mois (1).

§ 13. — **Application.**

Le tarif tel que je le propose doit varier selon l'heure de la journée.

La transition s'opérera naturellement comme elle s'opère pour les tarifs de la Poste aux derniers quarts d'heure de la levée des boîtes. Toute dépêche déposée à partir de tel moment paiera tel tarif.

Mais en Télégraphie, la question se complique d'un

(1) M. Glais-Bizoin a eu une pensée juste en principe, lorsqu'il a dit à la Chambre, en défendant son amendement (*Moniteur* du 29 mai 1866) : « Quant aux lignes qui unissent les départements entre eux et les villes et communes avec les chef-lieux, selon les termes du rapport, loin d'être exposées à l'encombrement, elles sont désolées par le chômage ; les employés s'y morfondent à attendre, comme on dit vulgairement, la pratique.

« Pour ces lignes, il n'y a qu'une mesure à prendre : ce serait d'abaisser la taxe jusqu'au point où l'encombrement pourrait avoir lieu. »

élément qui n'existe pas pour la Poste, l'encombrement des dépêches. Il faut éviter les effets de cet encombrement ; il faut que, à l'heure de midi, par exemple, toutes les dépêches à 1 fr. soient écoulées pour faire place aux dépêches à 2 fr.

Ce but sera atteint par la faculté accordée au directeur de chaque station télégraphique, d'afficher, chaque fois qu'il sera nécessaire, l'avis suivant au public :

« L'Administration ne reçoit plus de dépêches au tarif de......., sur la ligne de......., pour cause d'encombrement. »

En ce cas, le public paiera la taxe supérieure, et ses dépêches seront admises.

D'ailleurs, il faut bien le remarquer, ces cas seront très-exceptionnels, surtout en province, et leur renouvellement fréquent sur une ligne devra toujours être suivi d'un renforcement de la ligne en moyens de transmission.

Il faut, pour que l'Administration avance librement vers tous ses développements nécessaires, qu'elle soit toujours armée d'un appareil Hugues (1) ou d'un fil, prêts à être établis sur tout point où les moyens de transmission menacent de ne plus suffire à l'abondance des dépêches.

____

(1) Un employé, après quatre mois d'exercice, parvient à transmettre de 40 à 50 dépêches par le Télégraphe Hugues.

§ 14. — Justification du projet.

Au premier abord, la combinaison consistant à diviser le jour en trois parties ayant chacune un tarif différent, peut étonner ; peut-être, malgré les raisons qui m'y ont conduit, n'en voit-on pas immédiatement la justification. Je vais essayer de la présenter dans les termes les plus simples :

En toute industrie, à chaque tarif correspond une certaine couche de population. Ainsi, en Télégraphie, il y a, dans la population entière, la couche qui donne des dépêches à 2 fr.; puis, la couche plus nombreuse qui donne des dépêches à 1 fr.; enfin, la couche plus nombreuse encore qui donne des dépêches à 0 fr. 50.

Chacune de ces couches est déterminée par le tarif, et elle est susceptible de fonctionner à toute heure du jour et de la nuit, dans la mesure de ses besoins, dès que le tarif qui lui convient est établi.

Eh bien ! en créant la tarification que je propose, l'Administration télégraphique tiendra implicitement à la consommation le langage suivant :

Vous, couche de population qui ne pouvez faire usage du Télégraphe que si la dépêche ne coûte que 0 fr. 50, je ne puis, pendant le jour, vous servir. La Télégraphie n'a pas encore de moyens assez puissants pour se mettre à votre portée aux seules conditions de prix qui vous sont accessibles. Ainsi, pendant le jour, le service télégraphique, tel qu'il est organisé aujourd'hui, n'est pas fait pour vous. Mais pendant la nuit, au contraire, il est à votre disposition ; les couches qui vous sont supérieures, celles qui paient 1 fr. et 2 fr., occupent assez peu le service de huit heures du soir à huit heures du matin, pour qu'il reste de la place pour vous, pour qu'on ait la possibilité de transmettre vos dépêches. Il vous est préférable de vous servir du Télégraphe pendant douze heures de la nuit que de ne pas vous en servir du tout. Les progrès de la Télégraphie élargiront un jour pour vous ces limites ; mais, en attendant, la combinaison qui vous est offerte aura ce double avantage de vous donner une satisfaction partielle et de vous faire concourir par les recettes que vous procurerez, à ces mêmes progrès de la Télégraphie qui doivent vous conduire un jour à la pleine jouissance de ses services.

L'Administration des Télégraphes tiendra un langage analogue à la couche à 1 fr.; elle pourra la servir à toute heure du jour, sauf sur les lignes principales de midi à trois heures, parce que, dans ce dernier intervalle, ces lignes n'ont pas encore des moyens de transmission assez multipliés. En outre, elle la fera jouir, pendant la nuit, d'un tarif réduit de moitié et, de même, les recettes de cette couche aideront à faire de plus en plus avancer le service télégraphique dans la voie des réductions dont un jour elle recueillera les fruits.

Ces considérations feront sans doute ressortir suffisamment toute l'économie du projet.

Je le répète, avec le Réseau tel qu'il existe, le but qu'il faut essentiellement poursuivre, c'est, étant donné un fil quelconque de ce Réseau, fournir à ce fil, au prix le plus élevé possible (1), la plus grande somme d'occupation. Le prix de 2 fr. sur certaines lignes et à certaines heures, utilise-t-il pleinement le fil, il faut maintenir le prix de 2 fr. Ce prix laisse-t-il, sur d'autres lignes, ou sur les précédentes, à certaines heures, chômer la travail du fil, il faut appliquer un prix moindre.

Et d'ailleurs, comme, dans cette situation respective d'un prix actuel très-élevé et d'une grande utilité de la correspondance télégraphique, plus le prix est réduit, plus il devient rémunérateur, il faut multiplier de plus en plus la puissance du Réseau par l'addition de nouveaux fils. De la sorte, en effet l'occupation des lignes diminue, et cette diminution du travail des lignes provoque l'abaissement des tarifs.

Je ferai remarquer encore, sur la question des dépêches de nuit, que les diverses lois sur la correspondance Télégraphique ont fixé pour les dépêches

(1) C'est ce que l'on fait aujourd'hui sur le câble Transatlantique, en y établissant le tarif de 500 fr. par dépêche de 20 mots.

de nuit une taxe double. C'est une faute que moi-
même, cédant à la tradition, j'ai commise dans mon
projet de 1860. Je l'ai suffisamment démontré : sur
les lignes inoccupées, il faut abaisser le tarif.

Or, c'est surtout pendant la nuit que les employés
dorment inactifs sur leurs appareils.

Il faut donc, en bonne administration, non pas doubler la taxe pendant la nuit, mais, au contraire, la réduire de façon à donner un aliment à ce personnel
qu'on doit payer quand même, comme il faut payer
quand même les loyers et toutes les autres dépenses
qui permettent de faire le service de nuit. Qu'on ne
s'y trompe pas : même pendant la nuit, l'abaissement
du tarif sera efficace : l'appât du bon marché est in-
faillible ; l'intérêt privé saura trouver des combinaisons pour profiter de l'avantage qui lui sera ainsi
offert.

§ 15. — Faculté accordée au public d'effectuer des payements par voie télégraphique.

J'ai déjà signalé en 1860 (1) la convenance d'accorder au public la faculté d'effectuer d'une ville à
une autre des paiements par voie télégraphique.

Cette innovation nuira certainement aux recettes

____

(1) De l'abaissement des taxes télégraphiques, p. 58.

que la Poste réalise sur les envois d'argent; mais, en principe, il faut toujours savoir sacrifier une source de revenus lorsque de ce sacrifice naît une simplification des relations sociales. Dans l'espèce, il n'y aura même pas de perte : les bénéfices abandonnés par la Poste seront récupérés par la Télégraphie.

M. le Directeur Général des Postes a lui-même été frappé des avantages qu'offre la Télégraphie pour les paiements à distance :

« Le transport des petites valeurs, dit-il dans son Projet de fusion des Postes et des Télégraphes, transport si utile aux classes pauvres, et qui s'accomplit aujourd'hui par le mouvement d'un nombre immense de mandats (3,710,000 en 1863) soumis à toutes les chances d'erreurs et d'infidélités du service postal, s'opérerait avec sécurité sur un simple signe de l'appareil électrique. Le bureau qui a reçu donnerait avis au bureau qui doit payer; le destinataire informé par l'expéditeur n'aurait plus qu'à se présenter, et toute formalité intermédiaire serait ainsi supprimée. »

Les affirmations de M. le Directeur Général des Postes sont justes.

Le moment est certainement venu de réaliser ces vues.

Je suppose qu'une personne ait 100 fr. à expédier de Bourges à Carpentras. Elle paie à Bourges ces 100 fr. augmentés du tarif fixé. Le Directeur de Bourges encaisse et avertit le Directeur de Carpentras qui fait remettre 100 fr. au destinataire, avec indication de la provenance.

Le Ministère des finances combinerait avec celui de l'Intérieur les mesures nécessaires pour que, dans toute ville munie d'un télégraphe, les fonds fussent disponibles pour les paiements.

Je considère qu'on pourrait ainsi payer toutes sommes jusqu'à 1,000 fr. aux tarifs suivants :

	DANS LES CAS	
	des 1re et 2e catégories	de la 3e catégorie
De 0 à 10 fr....	0,50	0,25
10 à 100......	1	0,50
100 à 500......	2	1
500 à 2000.....	4	2

On remarquera que 3,700,000 payements télégraphiques, à un tarif moyen de 0,50 cent. donneraient une recette de 1,850,000 fr. Mais si l'on considère qu'il s'effectue par l'intermédiaire des banquiers une masse beaucoup plus considérable de remises d'espèces, on admettra que la Télégraphie pourrait réaliser en simples virements de fonds, des recettes aussi importantes peut-être, que par l'expédition des dépêches.

§ 16. — Bénéfices possibles résultant des nouveaux tarifs.

Je touche au terme de cette étude. Il me resterait à apprécier l'importance des recettes qui peuvent résulter de l'application des nouveaux tarifs dont je propose l'adoption.

Plutôt que de risquer des hypothèses discutables, je me bornerai à indiquer, dans le tableau suivant, le chiffre de recettes que permettrait de réaliser le Réseau actuel, si les nouveaux tarifs remplissaient leur but, de donner une occupation convenable à toutes les lignes qui le composent :

FILS.		DESSERVIS par des appareils	NOMBRE de dépêches par fil et par jour.	NOMBRE TOTAL de dépêches pour tous les fils par jour.	TARIF Terme approximatif.	PRODUIT.
DESIGNATION.	NOMBRE					
FILS directs de. . .					fr.	fr.
Grande communication	58	Hugues	400	23,200	1	23,200
Moyenne.	99	Morse	80	7,920	1	7,920
Interdépartementaux. .	58	Morse	80	4,640	0,50	2,320
Départementaux . . .	267	Morse	80	21,360	0,50	10,680
Cantonaux.	87	Morse	20	1,740	0,50	870
Auxiliaires	60	Morse	80	4,800	0,50	2,400
Recette possible par jour.						47,390

Tous les chiffres qui précèdent sont des minimums.

Ce tableau montre qu'avec le Réseau actuel, et aux tarifs que je propose, on peut réaliser une recette de 50 mille fr. par jour, ou 18 millions par an.

On remarquera que la seule substitution de l'appareil Hugues, à l'appareil Morse sur les fils de moyenne communication, porte ce chiffre de 18 millions à 30 millions.

Mais ne l'oublions pas, malgré les calculs qui précèdent, le service sera toujours coûteux, instable, et ses résultats seront incertains tant que le Réseau de lignes enfermées ne sera pas établi.

CONCLUSION

J'ai étudié la Télégraphie au double point de vue du présent et de l'avenir.

Dans le présent, j'ai montré l'utilité d'opérer une réforme des tarifs immédiatement réalisable sur la presque totalité des lignes, et la possibilité d'étendre cette réforme à l'ensemble du Réseau par l'exécution de quelques travaux urgents.

Dans l'avenir, j'ai signalé la nécessité de supprimer le Réseau actuel de lignes principales, pour lui substituer un Réseau de lignes enfermées, offrant aux transmissions des conditions nouvelles de sécurité et de régularité. Cette transformation ouvrira une large carrière, aujourd'hui fermée, à la recherche d'appareils qui, par d'ingénieuses combinaisons, parviendront à opérer les transmissions dans les conditions les meilleures de rapidité et d'économie. Quand ce résultat sera atteint, il aura pour conséquence heureuse de réduire le tarif à ses dernières limites.

Pour faire des réformes, il faut de l'argent, et la difficulté de s'en procurer est l'écueil contre lequel viennent souvent se briser les projets les plus dignes d'être exécutés. Ah! quand je vois que de travaux utiles, que d'améliorations de toutes natures sont souvent tenus en suspens faute d'argent, je me dis avec une conviction profonde que la France n'a pas assez le sentiment de sa richesse et de sa puissance productrice. Nous sommes un peuple possédant 4 ou 500 milliards, davantage peut-être; comment chaque fois que 50, 100 millions sont nécessaires pour créer une source nouvelle de richesse utile à tous, ne se les procure-t-on pas aussitôt par des procédés simples, économiques, naturellement tracés? Dans le domaine des intérêts privés, on trouve toujours des capitaux pour toute entreprise qui leur assure la conservation et la fécondité; dans le domaine des intérêts généraux, pourquoi n'en est-il pas de même pour les grandes œuvres d'utilité publique qui offrent les mêmes garanties et dont, en outre, le pays entier doit tirer profit? Quelle fausse complication du régime financier des sociétés entrave, pour la création de ces œuvres d'utilité publique, l'accomplissement de cette loi naturelle, vraie dans les proportions gigantesques de la fortune d'une nation comme dans les limites restreintes de l'intérêt individuel, à savoir, que le capital doit toujours être disponible pour la création des sources de richesse?

Sans nul doute, le capital du pays ne reste pas inactif; les plus grands efforts sont appliqués à le faire fructifier, dans ses divisions infinies. Mais quelle différence dans les fruits, lorsque le capital opère isolément par parties infiniment petites pour servir la masse innombrable d'intérêts individuels, ou lorsqu'il s'unit et se consacre par masses importantes aux œuvres d'utilité publique ! Les milliards sans nombre qui, de tous temps, se sont agités au sein du pays, ont-ils jamais eu, sur le développement de sa richesse, l'influence des 7 ou 8 milliards affectés à la création des chemins de fer ? Aussi, lorsque les progrès croissants des arts et de la civilisation manifestent clairement aux yeux de tous qu'un moyen nouveau de produire vient de surgir, utilement exploitable pour le bien public, les capitaux nécessaires devraient-ils être toujours prêts pour la mise à exécution la plus prompte de ce moyen de richesse.

Si le système financier des États n'est pas encore assez perfectionné pour offrir aux besoins des peuples ces puissantes ressources, les Gouvernements fortement organisés peuvent cependant, dans une certaine mesure, se procurer des capitaux par la voie des emprunts publics, et, sur ce procédé, je dirai un mot :

Il y a une distinction capitale à faire dans la considération des emprunts au point de vue de leur affectation : il faut distinguer les emprunts de la guerre et les emprunts de la paix.

Les capitaux affectés aux dépenses de guerre, on le

sait, sont, au point de vue économique, bien entendu, des capitaux entièrement anéantis, perdus. Envoyez une armée à l'étranger où elle dépense 100 millions, ou bien jetez tout de suite ces 100 millions dans la mer, c'est, pour la fortune du pays, identiquement la même chose.

Les capitaux affectés aux travaux de la paix, au contraire, sont un germe précieux de richesse générale. Supposez un instant un peuple assez intelligent pour souscrire, dans des conditions normales, à des emprunts de milliards, si des milliards peuvent être utilement affectés à la création de services publics donnant de bons revenus. Est-il possible de mesurer l'essor inouï qui serait imprimé, au sein d'un tel peuple, au développement de toutes les branches du travail et de la production? Et si, tant qu'ils trouveraient un emploi utile et fécond, les emprunts succédaient aux emprunts, peut-on assigner des limites au mouvement extraordinaire de progrès qui en résulterait au sein de ce peuple éclairé?

Ne sommes-nous pas ce peuple? L'éducation publique n'est-elle pas faite au contact de ces grandes entreprises d'intérêt général qui, en quelques années, ont changé la face du pays?

Il ne faut pas marcher trop précipitamment, s'écrie-t-on. Je réponds: il faut marcher selon ses forces. Quand ces forces sont grandes, il faut marcher vite.

Mais la dette publique, dit-on encore, est énorme. Comment songer à l'augmenter encore?

Je n'ai jamais compris ces terreurs à l'endroit de la dette publique. Qu'importe 10 milliards de plus ou de moins au passif, si ces 10 milliards se retrouvent dans les mêmes termes à l'actif?

Mais la question se pose mieux encore :

Un emprunt coûte à l'État un intérêt annuel d'environ 4 et demi pour 100.

Des travaux d'utilité publique judicieusement faits sont susceptibles de lui rapporter, par voie directe ou indirecte, un revenu de 5, 10, et même 20 pour 100 du capital emprunté.

Par conséquent, proposer un emprunt de la paix, c'est proposer d'inscrire sur le compte de l'État, simultanément, certaines sommes au passif, et des sommes égales, doubles, quadruples, peut-être, à l'actif. Les chiffres de gauche, de droite, ne sont rien ; la balance est tout.

Qu'est-ce d'ailleurs qu'un emprunt pour un pays riche? L'État n'a-t-il pas fait dans ces dernières années, pour les besoins des guerres, des emprunts considérables? Quels vides ces emprunts ont-ils produit dans le pays? aucun. Les capitaux empruntés ont pourtant été dissipés, économiquement parlant, en dépenses de guerre. Que serait-ce donc, si l'État faisait des emprunts de la paix, de ces emprunts faits au pays pour lui être intégralement restitués sous une forme plus utile? Qu'on me permette de hasarder une image : l'atmosphère emprunte par parties infiniment petites aux grands réservoirs de la nature l'eau qu'elle rend en pluies bienfaisantes et fécondes. Tel l'État doit emprunter des capitaux au réservoir de la fortune publique lorsqu'il a les moyens de les restituer avec usure sous forme de services lucratifs.

Par conséquent, si des emprunts peuvent être affectés d'une manière fructueuse à accroître la richesse du pays, il faut résolument les contracter. La richesse, en effet, c'est la force des nations; c'est elle qui donne la puissance matérielle et morale, c'est elle qui donne la domination. La meilleure politique est donc celle qui produit la plus grande richesse.

Il faut rendre au Gouvernement impérial cet éclatant hommage d'avoir, mieux qu'on ne fit jamais, compris l'influence de la paix et du travail, qui créent la richesse, sur les destinées des peuples. On peut espérer qu'en toutes circonstances son intelligente initiative saura prendre les mesures financières que dicte le but élevé de sa politique.

J'ai dit comment il faut envisager la perspective d'un emprunt, dans l'hypothèse où, pour les travaux de la Télégraphie comme pour d'autres œuvres d'utilité publique, un emprunt serait jugé nécessaire.

Mais à ne considérer que la Télégraphie seule, une autre solution se présente :

La Télégraphie, pour se constituer sur ses bases définitives, peut se passer du Trésor public. Elle contient en elle-même des germes assez productifs pour se suffire avec ses seules forces. Qu'on s'applique à développer ses recettes, que pendant quelques années les excédants de recettes sur les dépenses soient affectés aux travaux de réfection, et, dans une période de temps relativement courte, l'État aura créé une nouvelle branche de revenus publics, en même temps qu'il aura mis un grand service à la portée de la population entière.

Le but est digne des plus énergiques efforts. Qui peut apprécier dans ses conséquences innombrables les avantages de la correspondance télégraphique? Déjà, ces deux millions de dépêches annuellement transmises sur le réseau actuel, quelle économie de temps, d'argent et de peines n'ont-elles pas réalisée? Que de dangers évités, de sécurités données, de satisfactions procurées ! Que de simplifications apportées dans la marche de cette infinie multitude de rouages qui composent la machine sociale ! Mais si, au lieu de 2 millions de dépêches, la Télégraphie en transmettait 20, 30, 50 millions, combien serait plus puissante encore son action sur le mouvement des hommes et des choses !

Que je cite sur l'utilité du télégraphe électrique un exemple d'une grandeur saisissante :

Il y a peu de jours à peine, dans les champs de l'Allemagne et de l'Italie, le sang coulait à flots, les nations s'entre-déchiraient... Le télégraphe a joué et les armes se sont abaissées. Mais ce n'était encore qu'un sursis ; il fallait poser les bases d'une entente plus durable. Les minutes étaient comptées : le télégraphe, jouant sans relâche, a utilisé tous les instants, et en quelques jours, la paix a été signée.

Dans l'étroit giron des intérêts individuels comme dans les hautes sphères où s'agitent les destinées des peuples, la vie sociale a ses luttes, ses besoins urgents, ses nécessités des communications rapides, et du cabinet du souverain au logis du citoyen le plus humble, le télégraphe est appelé à répandre partout ses inappréciables bienfaits.

J'appelle donc de tous mes vœux les réformes qui doivent donner au service télégraphique une vie nouvelle, et mon but sera atteint si j'ai pu faire partager, sur leur nécessité, les convictions qui m'animent.

PROJET DE LOI

SUR LA CORRESPONDANCE TÉLÉGRAPHIQUE PRIVÉE A
L'INTÉRIEUR DE L'EMPIRE.

ART. 1ᵉʳ.

Le tarif télégraphique, à l'intérieur de l'Empire,
s'applique par zones.

Les zones sont déterminées comme suit pour chaque localité de France :

1ʳᵉ zone.— S'étendant à la distance d'un département.

2ᵉ zone. — Comprise entre la distance d'un département et la distance de deux départements.

3ᵉ zone. — S'étendant au-delà de la distance de deux
départements.

ART. 2.

Les dépêches présentées par le public sont classées
en deux sortes, les dépêches ordinaires, les dépêches
urgentes.

Les dépêches urgentes sont transmises avant les
dépêches ordinaires.

Art. 3.

La journée de vingt-quatre heures est divisée, au point de vue de l'application du tarif, en trois périodes :

1re période. De midi à 3 h.

2e période. De 8 h. du matin à midi, et de 3 h. à 8 h. du soir.

3e période. De 8 h. du soir à 8 h. du matin.

Art. 4.

Les tarifs télégraphiques à l'intérieur de l'Empire sont fixés comme suit :

1° DÉPÊCHES ORDINAIRES.

	Pour 20 mots.	En sus pour chaque fraction indivisible de	
		5 mots.	10 mots.
	fr.	fr.	fr.
1re Catégorie. — 1re zone. De midi à 3 h.	2	0,50	»
2e Catégorie. — 2e zone. De midi à 3 h. 1re zone. De 8 h. du matin à midi; de 3 h. du soir à 8 h. du soir	1	0,25	»
3e Catégorie. — 3e zone. 2e zone. De 3 h. du soir à 8. h. à midi. 1re zone. De 8 h. du soir à 8 h. du matin	0,50	»	0,25

2° DÉPÊCHES URGENTES

Le tarif des dépêches urgentes est égal au tarif des dépêches ordinaires augmenté de moitié.

La 1re catégorie sera fondue dans la seconde dans un délai de 6 mois.

Art. 5.

Les heures sont comptées à partir du dépôt des dépêches aux bureaux télégraphiques ou dans les boîtes
aux dépêches. Ces boîtes indiquent à chaque instant
à quelle division du jour cet instant correspond.

Art. 6.

L'Administration des Télégraphes est autorisée à
suspendre pour cause d'encombrement des lignes,
l'application des tarifs réduits, aux environs des heures où ces tarifs changent en s'élevant.

Art. 7.

Le public est admis à faire payer à distance, par
avis télégraphique et par l'intermédiaire de l'État,
toute somme de 2,000 francs et au-dessous.

Le tarif des payements par voie télégraphique est
fixé comme suit :

SOMMES.	DANS LES CAS	
	Des 1re et 2e catégories.	De la 3e catégorie.
De 0 à 10 fr.	0,50	0,25
10 à 100	1	0,50
100 à 500	2	1
500 à 2000	4	2

Tout payement est effectué d'avance par l'Expéditeur.

La somme, avec indication du nom de l'Expéditeur, est immédiatement remise, contre reçu, au Destinataire. Avis en est aussitôt donné à l'Expéditeur.

Des arrêtés du Ministre de l'intérieur font connaître les villes où ce service de payements télégraphiques est établi.

En cas de difficultés que l'Administration appréciera, ce service peut être momentanément suspendu.

Le public en sera averti aussitôt par un avis affiché au bureau télégraphique.

Art. 8.

Le Ministre de l'intérieur est autorisé à affecter pendant cinq ans les revenus nets de la Télégraphie privée aux travaux de refections et d'améliorations nécessités par ce service.

Art. 9.

Les dispositions des lois précédentes non contraires à celles de la présente loi sont maintenues.

NOTE A.

AVANT-PROJET

DE

RÉSEAU DE LIGNES ENFERMÉES

A ÉTABLIR SUR ROUTES

NOTA. — Les distances d'une ville à l'autre sont exprimées en lieues communes en France de 4444 mètres, et ont été relevées sur la carte des Routes d'Étapes, publiée en 1820 par le Dépôt général de la guerre.

Les numéros d'ordre se rapportent à la classification des villes actuellement ouvertes au service, classification faite selon l'importance des recettes.

VILLES	DISTANCES entre elles	N°s D'ORDRE	VILLES	DISTANCES entre elles	N°s D'ORDRE
Paris .... à		(¹)	Savenay.............	8 1/3	642
Arpajon.............	7	305	St-Nazaire...........	8	59
Etampes..	4 1/2	»			
Angerville	4	»	Poitiers. .... à		——
Artenay.............	6	»	Lusignan............	5 1/3	»
Orléans	5	62	St-Maixent...........	5 3/4	»
Beaugency...........	5 3/4	»	Niort	5 1/4	128
Blois...............	7 1/4	»	Surgères	7 1/3	»
Amboise	8	»	Rochefort	6	88
Tours...............	5 1/2	64	La Rochelle..........	7 1/4	83
Ste-Maure...........	7 2/5	»			
Chatellerault..... ...	7 3/4	247	Angoulême.......... à		——
Poitiers.............	7 1/4	90	Jarnac	6 1/3	343
Couhé	3 3/4	»	Cognac.............	3	105
Ruffec	7 1/4	504			
Mansle.	7 3/4	»	Orléans .... à		——
Angoulême	6	93	Laferté St-Aubin.....	4 1/2	»
Barbezieux	7 1/2	383	Salbris.............	7 1/3	»
Monlieu.............	6 1/2	»	Vierzon	5 1/3	»
St-André de Cubzac...	7 1/2	»	Bourges.............	7 1/4	165
Bordeaux......... ...	5 1/2	6	Beaugy.............	5 3/4	»
			La Charité...........	5 1/2	»
Tours.............. à		——	Nevers	5 1/3	134
Langeais	5 2/3	»	St-Pierre-le-Moutier..	5 1/4	»
La Chapelle-Blanche..	4	»	Moulins.............	6 2/3	149
Saumur	5 3/4	100	Varennes............	6 2/3	»
Les Rosiers	4	»	La Palisse...........	4 2/3	509
Angers.............	7 1/4	61	La Pacaudière	5	»
Ingrande............	7	»	Roanne	5 1/3	139
Ancenis.............	4 2/3	559	Tarare.............	7 2/3	220
Nantes...	8 1/3	(²)	Larbestre............	4	»

VILLES	DISTANCES entre elles	Nᵒˢ D'ORDRE	VILLES	DISTANCES entre elles	Nᵒˢ D'ORDRE
Lyon	4	(	Tarascon	5 /34	‹
			Avignon	5	49
Angoulême à		—	Orgon	6	»
Mareuil	7 3/4	»	Lambesc	6	»
Brantôme	4 1/3	»	Aix	5	»
Périgueux	5	119	Marseille	6 1/2	(³)
Thiviers	7 1/4	»	Aubagne	4	»
Chalus	6 1/2	»	Le Beauffet	5 3/4	»
Limoges	7	94	Toulon	3	43
Saint-Léonard	4 2/3	»	Cuers	5	»
Bourganeuf	5 2/3	609	Gonfaron	5 1/4	»
Aubusson	8 1/3	395	La Garde	3 1/2	»
Saint-Avit	7 1/4	»	Fréjus	6	623
Pontgibaud	7	»	Cannes	6 1/3	84
Clermont-Ferrand	5	77	Nice	8 1/3	14
Aigueperse	6 2/3	»			
Vichy	6 3/4	81	Bordeaux à		—
La Palisse	4 1/2	—	Belin	10 1/4	»
			La Bouheyre	7	»
Bordeaux à		—	Morcenx	5 1/1	»
Castres	5 2/3	118	Castels	5	»
Langon	5 2/3	»	Saint-Vincent	1 1/2	»
La Réole	4	»	Dax	5 1/3	142
Marmande	4 1/3	349	Orthez	7 1/2	118
Aiguillon	6 1/2	»	Artix	4 1/2	»
Agen	6	113	Pau	4 1/3	46
Valence d'Agen	5 2/3	»	Tarbes	8 1/2	130
Moissac	4 1/2	369	Tournay	3 1/3	»
Montauban	6 2/3	133	Montrejeau	7 1/1	»
Grisolles	5 1/4	»	Cierp	1 3/4	»
Toulouse	6 1/2	22	Luchon	3 1/2	123
Villefranche	8 1/3	390			
Castelnaudary	5	136	Saint-Vincent à		—
Carcassonne	8 1/3	»	Bayonne	5 2/3	25
Lezignan	8 1/2	101			
Narbonne	4 2/3	18	Dax à		—
Beziers	6	225	Tartas	6 1/2	»
Agde	5	362	Mont-de-Marsan	5 3/4	»
Mèze	4 1/3	30			
Cette	2	29	Tarbes à		—
Montpellier	7 1/3	337	Bagnères	4 2/3	58
Lunel	5 1/4	40			
Nîmes	6	»	Narbonne à		—

VILLES	DISTANCES entre elles	N°s D'ORDRE	VILLES	DISTANCES entre elles	N°s D'ORDRE
Sijean	5	»	Paris	à	—
Salces	5 3/4	»	Corbeil	7 1/3	275
Perpignan	3 2/3	76	Melun	4	183
Collioure	5	»	Fontainebleau	4 1/4	108
Toulon	à	—	Paris	à	—
Hyères	4 1/2	191	Clayc	6 1/3	»
			Meaux	4	249
Fréjus	à	—	Laferté	4 1/4	»
Draguignan	10	218	Châteauthierry	5 3/4	341
			Dormans	4 1/3	»
Besançon	à	—	Epernay	5 1/3	201
Pagney	5 3/4	»	Châlons	7	122
Auxonne	6	511	Vitry-le-Français	7	234
Dijon	7	71	Saint-Dizier	6 2/3	245
Beaune	8 1/2	286	Bar-le-Duc	5 1/3	181
Chalon	6 1/2	91	Commercy	8 1/3	492
Tournus	6	»	Toul	6 1/2	381
Mâcon	6 3/4	162	Nancy	5	54
Villefranche	8 1/2	219	Lunéville	6 1/3	199
Lyon	5 1/4	—	Blamont	6 2/3	»
Vienne	6 1/2	159	Sarrebourg	5	399
Roussillon	4 1/2	»	Saverne	6	403
Saint-Vallier	5 1/2	587	Vasselone	3 1/3	»
Tournon	3 2/3	415	Molsheim	3	»
Valence	4	127	Schelestadt	8 1/4	
Livron	5	»	Colmar	5 1/4	78
Montélimart	5 1/4	254	Mulhouse	8 1/2	16
Saint-Paul	6	»			
Orange	5 1/2	374	Châlons	à	—
Avignon	5 3/4	—	Suippe	5 1/2	»
			Vouziers	8 1/2	271
Lyon	à	—	Le Chesnes	4 1/2	»
Rive-de-Gier	7 2/3	218	Sedan	6 1/2	111
Saint-Étienne	5 1/4	41	Mézières	4 2/3	153
Vienne	à	—	Vitry-le-Français	à	—
La Cote-Saint-André	7 2/3	»	Somme	4 1/2	»
Moiran	6 1/2	»	Arcis-sur-Aube	5 1/2	567
Grenoble	5	65	Troyes	6	102
Le Trouvet	5 2/3	»			
Chambéry	5	114	Nancy	à	—
			Nomeny	6	»

VILLES	DISTANCES entre elles	N°s D'ORDRE
Metz...............	6	56
Luneville............ à		—
Charmes............	7 1/4	»
Epinal...............	5 3/4	168
Molsheim........... à		—
Strasbourg	5 1/4	27
Paris .... à		—
Luzanches..........	7	»
Clermont...........	6 3/4	285
Breteuil............	7 1/4	»
Amiens.............	6 3/4	45
Flixecourt..........	4 2/3	»
Abbeville..........	5	135
Rue	5	»
Montreuil	5 1/3	579
Boulogne..........	8	32
Calais.............	7 1/3	(9)
Gravelines.........	4 1/2	»
Dunkerque.........	4 1/3	28
Clermont........... à		—
Compiègne	7 1/4	156
Clermont........... à		—
Beauvais..........	5 3/4	163
Amiens............ à		—
Doulens...........	6 3/3	388
Arras.............	7 3/4	82
Douai.............	6	69
Cambrai...........	5 3/4	109
Saint-Quentin........	6	57
Douai............. à		—
Lille.............	7 1/3	(8)
Douai............. à		—
Valenciennes........	7 1/4	63
Paris .... à		

VILLES	DISTANCES entre elles	N°s D'ORDRE
Saint-Germain.......	5	167
Mantes.............	7 1/2	332
Vernon	5	402
Evreux.............	6	175
Bernay.............	8 3/4	258
Lisieux............	6 1/2	137
Troarn............	8	»
Caen..............	3	33
Bayeux...........	6 1/3	314
Isigny.............	7 1/4	419
Carentan..........	2 1/2	236
Valognes	7	432
Cherbourg.........	4 1/2	60
Vernon............. à		—
Pont-de-l'Arche	8 1/3	
Rouen	4	(5)
Totes..............	6 1/2	807
Dieppe............	6 1/3	(6)
Rouen .... à		—
Yvetot	7	351
Bolbec............	4 2/3	274
Le Havre	6 3/4	(4)
Yvetot..... .... à		—
Fécamp........	8 1/2	93
Lisieux............. à		—
Honfleur...........	7	96
Paris .... à		—
Versailles	4	103
Rambouillet	6	340
Maintenon..........	5	»
Chartres	4 1/2	121
Courville...........	4 1/4	»
Nogent.........	8 4/3	462
La Ferté-Bernard	4 1/3	»
Conneré...........	4 1/2	»
Le Mans...........	5 1/3	55
Chassillé..........	5 3/4	»
Vaiges	5	»

VILLES	DISTANCES entre elles	Nᵒˢ D'ORDRE
Laval................	4 1/3	126
Vitré	7 2/3	375
Rennes..............	7	42
Montauban	7	133
Broons..............	5	»
Lamballe............	9	500
Saint-Brieuc........	5 1/2	125
Guingamp...........	6 3/4	280
Belle-Isle...........	4	»
Morlaix	7 1/2	97
Landivisiau.........	4 2/3	»
Landernau...........	3 3/3	177
Brest	4 1/2	35
Le Faou.............	4 1/2	»
Châteaulin..........	4	378
Quimper	5 1/2	164
Rosporden..........	5	»
Quimperlé....	5 1/2	406
Le Mans .... à		——
Beaumont...........	5 3/4	»
Alençon.............	5 1/3	161
Rennes .... à		——
Hede............... ..	6	»
Dinan...............	7	131
Saint-Malo..........	6 3/4	66
Total.............	1599 L.	

1599 lieues = 7111 kilomètres.

NUMÉROS D'ORDRE

DE BUREAUX

(¹) Paris. — 2, 5, 7, 8, 9, 10, 11, 15, 17, 18, 19, 21, 23, 24, 26, 31, 34, 39, 44, 47, 50, 53, 67, 72, 86, 98, 99, 112, 118, 120, 124, 132, 138, 145, 147, 158, 171, 178, 200, 217, 293, 297, 682.

(²) Lyon. — 4, 74, 185, 496.

(³) Marseille. — 1, 73, 353.

(⁴) Le Havre. — 2, 726, 282.

(⁵) Rouen. — 13, 58, 166.

(⁶) Dieppe. — 52, 104, 924.

(⁷) Nantes. — 12, 157.

(⁸) Lille. — 20, 38.

(⁹) Calais. - 68, 953.

RÉCAPITULATION

STATIONS faisant une recette annuelle supérieure à	EXISTANT sur le réseau actuel.	EXISTANT dans le réseau ci-dessus de lignes enfermées.
100,000 fr.	14	14
50,000	23	23
25,000	45	42
10,000	103	94
5,000	172	143

NOTE B.

BASES DES PRIX DE REVIENT

DU SYSTÈME DE LIGNES ENFERMÉES DE M. BARON.

———

1° CABLES.

Câbles à 7 fils. — Chaque fil conducteur est formé d'un faisceau de 4 fils de 1/2 mmt. de diamètre juxtaposés. Ce faisceau est entouré d'une gaîne de gutta-percha dont le diamètre total, faisceau de fils compris, est de 5 mmt. Chaque gaîne est enveloppée de chanvre goudronné. 7 gaînes ainsi préparées sont jointes en faisceau cylindrique. Ce faisceau est entouré de toile, puis de chanvre, puis de toile plus forte goudronnés. Le diamètre total du câble ainsi formé est de 19 mmt. — Prix du mètre courant, 3 fr.

2° TUBES.

TUYAUX EN FONTE A 10 ATMOSPHÈRES, DE LA MAISON DUCEL ET FILS.				
DIAMÈTRES.	LONGUEUR.	POIDS du MÈTRE COURANT.	NOMBRE de fils en câbles de 7, que le tuyau peut contenir AU MAXIMUM.	PRIX.
m.	m.	k.	fils.	fr.
0, 042	1 27	9 à 10	3 câbles 21	
0, 054	2 00	14 à 15	4 » 28	21 43 les
0, 060	2 00	16 à 17	5 » 35	100 kilos pris
0, 067	2 00	19 à 20	7 » 49	à Paris.
0, 081	2 50	22 à 23	9 » 63	
0, 108	2 50	31 à 32	15 » 105	

3° POSE.

	POUR DES TUYAUX D'UN DIAMÈTRE DE		
	0, 042	0, 054	0, 060
	fr.	fr.	fr.
Tranchée de 1 m. de profondeur.	1, 60	1, 60	1, 60
Transport des matériaux à pied d'œuvre..........................	0, 09	0, 09	9, 09
Descente......................	0, 28	0, 28	0, 28
Joint en plomb...	0, 60	0, 84	1, 12
Garde, barrage, étaiement (nécessaires dans les villes seules)........	0, 22	0, 22	0, 22
	fr.	fr.	fr.
Totaux	2. 70	3. 30	3. 31

PÉTITION ADRESSÉE AU SÉNAT

EN 1860

POUR SOLLICITER L'ABAISSEMENT DES TAXES TÉLÉGRAPHIQUES

SIGNÉE DANS LES TRENTE PRINCIPALES VILLES DE FRANCE
PAR 6,000 PERSONNES.

MESSIEURS LES SÉNATEURS,

Dans la séance du 6 septembre 1860, le Conseil général de la Gironde a émis le vœu (¹) que la réforme télégraphique proposée par M. Marqfoy, ancien élève de l'École polytechnique, et développée dans la brochure ci-jointe, fût de la part du Gouvernement l'objet d'une étude attentive au double point de vue technique et économique.

(¹) CONSEIL GÉNÉRAL DE LA GIRONDE.

(Extrait du procès-verbal de la séance du 6 septembre 1860.)

Un membre lit un Rapport sur un Mémoire de M. Marqfoy, ancien élève de l'Ecole Polytechnique, au sujet de la taxe des lignes télégraphiques en France.

MESSIEURS,

Parmi les découvertes de la science au xıxᵉ siècle, il n'en est pas de plus merveilleuse que celle de la Télégraphie électrique. Cette transmission instantanée de la pensée sera un inappréciable bienfait pour les besoins des affaires et pour la sécurité des familles, le jour où, rendue plus économique et par conséquent plus pratique et plus accessible, la Télégraphie électrique pourra être employée par tous et dans les circonstances les plus ordinaires de la vie.

Dans l'état actuel des choses, elle est, il faut le dire, un objet de luxe, une sorte de poste aristocratique réservée comme un privilége exceptionnel à de riches expéditeurs ou à de grosses affaires. Il est statistiquement constaté par les Directeurs des

La réforme dont il s'agit consisterait à introduire, dans le système technique et administratif du service actuel, des modifications qui permettraient d'établir dans le délai de quelques mois un tarif de :

1 fr., pour la dépêche de 20 mots, dans un même département ou
entre départements limitrophes;
2 fr. pour le reste de la France.

Une telle réforme, MESSIEURS LES SÉNATEURS, nous a paru, par son importance, digne d'être soumise à votre haut examen.

Depuis que la Télégraphie électrique existe, les modifications introduites dans le tarif ont porté sur la forme, mais non sur le fond : la taxe moyenne d'une dépêche, en effet, qui était en 1851, époque de l'ouverture du service, de 8 fr. 51 c., a été en 1858 de 7 fr. 90. Ainsi, les

télégraphes que les dépêches ne sortent jamais de ce cercle: Bourse, haut commerce, graves événements de famille.

Aussi, il est remarquable que la Télégraphie privée, ouverte en France depuis le 1er mars 1851, a sans doute augmenté le nombre de ses stations ; mais dans chacune des localités où le service est ouvert, elle n'a fait aucun progrès notable. Cet état stationnaire s'explique aisément par le taux élevé des dépêches, dont la taxe moyenne, de 8 fr. 51 c. en 1851, était encore de 7 fr. 90 en 1858.

C'est ainsi que ce merveilleux agent de correspondance, arrêté dans son essor par l'élévation des taxes, ne rend que de faibles services aux classes moyennes de la population.

Le fait est incontestable, et ce fait est un mal. Où est le remède? Comment la taxe peut-elle être largement abaissée et devenir populaire?

M. Marqfoy, ancien élève de l'École Polytechnique, a cherché la solution de ce problème dans la substitution d'un nouvel appareil de son invention à l'appareil Morse, aujourd'hui employé.

Dans une brochure dont la rédaction présente une remarquable clarté, M. Marqfoy expose que, grâce à son appareil, appliqué à trente des principaux fils de Paris, l'administration qui, en 1857, a transmis 475,000 dépêches, pourrait en transmettre annuellement 8,000,000. Il considère qu'à l'aide d'un tarif abaissé qui réduirait à 1 fr. le taux d'une dépêche de 20 mots pour le même département ou un département limitrophe, et à 2 fr. pour le reste de la France, on multiplierait dans une énorme proportion le nombre des dépêches. Il arriverait pour la Télégraphie ce qui est arrivé pour la Poste, par suite de l'abaissement et de l'uniformité des taxes, un immense accroissement dans le mouvement télégraphique et dans son produit.

Il n'appartiendrait pas au Conseil Général d'apprécier, au point de vue technique, le nouvel appareil inventé et proposé par M. Marqfoy; mais un préjugé favorable semble le recommander à la plus sérieuse attention de l'administration publique et des hommes compétents : c'est le témoignage porté en sa faveur par M. Alexandre, Directeur de l'administration des lignes télégraphiques, qui déclare que les premiers essais ont donné les résultats les plus satisfaisants.

Ces nouveaux appareils remplacent la transmission *manuelle* des signaux télégra-

dépêches coûtent aujourd'hui à peu près aussi cher qu'au début de la Télégraphie privée.

Les conséquences de cette situation sont manifestes : on transmet par an moins de 500,000 dépêches, tandis que la Poste transporte plus de 250,000,000 de lettres. Ainsi, la taxe actuelle rend le télégraphe inabordable ; ce précieux moyen de correspondance est sans utilité pour la majeure partie de la population.

Les recettes de la Télégraphie ont, il est vrai, augmenté successivement chaque année ; il semblerait donc que la Télégraphie est en voie de progrès.... Il n'en est rien en réalité. Les recettes ont augmenté parce que l'accroissement du réseau des lignes télégraphiques a permis l'ouverture successive de nouveaux bureaux ; mais le revenu moyen d'une station télégraphique ne s'est pas accru sensiblement depuis l'origine. Ainsi, la Télégraphie électrique est dans un état stationnaire, et cet état dure depuis plusieurs années.

phiques de l'alphabet Morse, variable et défectueuse suivant la fatigue ou l'inexpérience de la main de chaque employé, par la transmission mécanique, présentant la précision et l'infatigabilité propres aux machines.

Si, comme on est disposé à le croire à la lecture des graves attestations que rapporte l'inventeur, son appareil produit le résultat qu'il annonce ; s'il permet de transmettre annuellement 8 millions de dépêches au lieu de 500 mille ; si, à l'aide de ce système nouveau, les tarifs peuvent être abaissés jusqu'à 1 et 2 fr., et devenir accessibles pour toutes les classes et pour toutes les affaires, nous n'hésitons pas à dire que M. Marqfoy aura rendu un immense service en vulgarisant un moyen de correspondance trop restreint jusqu'ici, et dont les services ne sont pas encore en proportion avec sa valeur scientifique.

En réclamant, pour la réforme qu'il propose, le sympathique appui du Conseil Général, M. Marqfoy se présente entouré des suffrages les plus flatteurs des hommes haut placés dans la science et dans l'État, qui ont déclaré que les mesures proposées par M. Marqfoy leur paraissaient dignes du plus sérieux examen. Et permettez-moi d'ajouter, que le cher et regretté collègue (1), si cruellement enlevé à notre affection, portait un vif intérêt à l'œuvre de M. Marqfoy, et lui eût accordé parmi nous son puissant patronage.

Comme ces hommes éminents, vous considérerez, Messieurs, que la Télégraphie privée, envisagée comme agent pratique de correspondance, est encore dans une sorte d'enfance. La réforme proposée par M. Marqfoy peut lui faire faire un grand pas et multiplier ses bienfaits.

Votre Commission vous propose, en conséquence, d'accorder à M. Marqfoy l'appui du vœu qu'il a sollicité du Conseil Général, à savoir : Que la réforme dont les bases sont nettement développées dans son Mémoire, soit soumise, de la part du Gouvernement, à une étude attentive au double point de vue technique et économique.

Ces conclusions sont adoptées.

(1) M. Denjoy, Conseiller d'État.

Cette progression de recettes, due à l'extension du réseau, touche même bientôt à son terme. Le réseau télégraphique commence, en effet, à être complet ; il étend ses ramifications jusqu'à la plupart des sous-préfectures ; les lignes télégraphiques ont envahi les chemins de fer, les routes ; certaines lignes sont surchargées de fils, et il ne saurait entrer dans les vues de l'Administration d'établir indéfiniment de nouveaux poteaux et de nouveaux fils pour développer son service.

En présence de cette situation, il vous paraîtra sans doute urgent, MESSIEURS LES SÉNATEURS, de faire entrer la Télégraphie dans une voie nouvelle, par l'abaissement des taxes.

Si l'Administration des télégraphes abaisse les taxes d'une manière notable, il est certain que le nombre de dépêches augmentera dans une forte proportion. Il y a donc lieu d'examiner si le service télégraphique, tel qu'il est organisé actuellement, pourra suffire à cet accroissement de dépêches.

Or, il est constant aujourd'hui qu'avec le système Morse, dont la Télégraphie fait exclusivement usage, les lignes principales qui aboutissent à Paris (lignes de Bordeaux, Lyon, Londres, etc.) travaillent sans discontinuité ; par conséquent, puisqu'elles donnent leur maximum de travail, l'effet de l'abaissement des taxes serait de déborder ces lignes ; les dépêches ne pourraient plus passer. Il y a là, dans l'état actuel, une impossibilité évidente.

Quant aux lignes de province, la statistique montre qu'elles donnent dix fois moins de travail, en moyenne, qu'elles n'en pourraient donner.

Si donc on pouvait substituer au système Morse, sur les lignes principales seulement, un système qui permît de faire passer par les mêmes fils et dans le même temps un grand nombre de dépêches, on pourrait abaisser les taxes ; car les lignes principales ne seraient plus débordées, et les lignes de province seraient mieux occupées.

Ce système existe, ainsi qu'il résulte d'un des documents soumis au Conseil Général de la Gironde par l'auteur du projet de réforme. Nous extrayons de ce document le passage suivant :

Paris, 11 octobre 1859.

«....On a pu.... obtenir une vitesse de 35 à 40 mots par minute entre Paris et Bruxelles, tandis que la vitesse moyenne de la transmission manuelle (mode de transmission actuel) n'est que de 6 mots. Un avantage incontestable du système de M. Marqfoy réside d'ailleurs dans la régularité parfaite que les moyens mécaniques auxquels cet ingénieur a recours lui permettent d'obtenir dans la formation au départ, et, par suite, dans l'impression à l'arrivée des signaux.

« *Le Directeur de l'Administration des lignes télégraphiques,*

« ALEXANDRE. »

Ainsi, la taxe peut être aujourd'hui considérablement abaissée, puisque l'Administration a entre les mains les moyens matériels de transmettre *avec les mêmes fils et sans nouvel accroissement du réseau télégraphique*, un nombre de dépêches bien supérieur à celui qu'elle transmet aujourd'hui.

L'abaissement des taxes n'est pas le seul progrès désirable dans le service actuel de la Télégraphie privée. Avec l'auteur du projet de réforme, nous considérons comme très-nécessaire la simplification des formalités actuelles de l'expédition des dépêches, la création de *timbres-dépêches*, de *boîtes-dépêches*, l'organisation, en un mot, d'un service administratif qui n'ait d'autre but que de faire parvenir la dépêche dans le délai le plus court possible, de l'Expéditeur au Destinataire.

La correspondance télégraphique, d'ailleurs si précieuse pour les relations de famille, est destinée à rendre au commerce les plus utiles services. La plupart des complications qui entravent les affaires naissent, en effet, de l'incertitude et de l'attente; en détruisant l'une et l'autre, le télégraphe rendra les affaires individuelles plus faciles et plus promptes, par suite plus nombreuses ; d'un autre côté, la possibilité de connaître, moyennant une faible dépense, les cours des valeurs et marchandises sur les divers marchés, permettra aux Chambres de commerce, dans chaque ville, de donner aux négociants des bases certaines pour leurs opérations, en même temps qu'elle rendra impossibles les spéculations aléatoires. Le télégraphe, enfin, en favorisant les intérêts privés de chaque citoyen, favorisera aussi d'une manière efficace les intérêts généraux du Pays, qui leur sont étroitement liés.

D'ailleurs, les revenus du Trésor ne peuvent que s'accroître par le développement de la Télégraphie : les résultats obtenus par la Poste, déjà très-significatifs, seront bien supérieurs pour la Télégraphie, si l'on considère que la majeure partie de la population ne fait pas encore usage du télégraphe, tandis qu'elle usait de la Poste à l'époque de la dernière réforme postale.

Nous avons l'honneur d'appeler votre haute sollicitude, MESSIEURS LES SÉNATEURS, sur la réalisation d'une réforme à laquelle se rattachent de si nombreux et de si puissants intérêts. En établissant une taxe nouvelle qui ne dépasserait pas 2 fr. pour la dépêche simple dans toute la France, sauf à devenir inférieure encore ultérieurement, le Gouvernement répondrait aux vœux de la population entière. Au moment où les grandes vues économiques de l'Empereur viennent de répandre dans le pays de si précieux germes de prospérité, le Gouvernement ne saurait offrir au commerce et à l'industrie, qui doivent les féconder, un instrument plus utile que le télégraphe et mieux approprié à leurs besoins.

Nous sommes avec le plus profond respect,

MESSIEURS LES SÉNATEURS,

Vos très-humbles et très-obéissants serviteurs.

(*Suivent* 6,000 *signatures environ.*)

NOTE D.

§ 1. — Nombre de départements traversés par chaque ligne du Réseau actuel.

	Nombre de départements traversés.
1° Lignes de grande communication.	
Paris-Lille	4
Lille-Strasbourg	5
Paris-Strasbourg	6
Strasbourg-Lyon	5
Paris-Lyon	6
Paris-Marseille	9
Lyon-Marseille	4
Lyon-Toulouse	6
Lyon-Bordeaux	6
Marseille-Bordeaux	5
Marseille-Toulouse	4
Paris-Toulouse	8
Paris-Bordeaux	7
Paris-Nantes	5
Paris-Brest	7
Bordeaux-Le Havre	7
Bordeaux-Nantes	3
Paris-Le Havre	3
Le Havre-Lille	3
Paris-Dieppe	3
Paris-Boulogne	4
2° Lignes de moyenne communication.	
Lille-Valenciennes	
Lille-Reims	0
Lille-Maubeuge	2
Lille-Calais	0
Lille-Dunkerque	1
Paris-Compiègne	0
Paris-St-Quentin	2
St-Quentin-Maubeuge	1
Paris-Mézières	4
Mézières-Strasbourg	3
Mézières-Givet	0
Paris-Chalons-sur-Marne	3
Paris-Reims	3

	Nombre de départements traversés.
Paris-Metz	5
Metz-Dijon	3
Strasbourg-Mulhouse	1
Paris-Mulhouse	6
Mulhouse-Lyon	4
Paris-Dijon	4
Dijon-Lyon	2
Paris-Fontainebleau	2
Paris-Clermont-Ferrand	5
Lyon-Nice	4
Lyon-Clermont-Ferrand	2
Clermont-Ferrand-Limoges	2
Lyon-Tours	5
Paris-St-Etienne	6
St-Etienne-Nîmes	3
Marseille-Nice	2
Marseille-Toulouse	1
Marseille-Nîmes	1
Marseille-Perpignan	4
Marseille-Montpellier	2
Montpellier-Toulouse	2
Montpellier-Cette	0
Montpellier-Béziers	0
Paris-Vichy	4
Paris-Clermont-Ferrand	5
Clermont-Ferrand-Montpellier	4
Clermont-Ferrand-Toulouse	4
Limoges-Montpellier	4
Paris-Limoges	5
Limoges-Toulouse	4
Limoges-Bordeaux	2
Limoges-Tours	2
Toulouse-Bordeaux	3
Toulouse-Bayonne	2
Paris-Tours	4
Tours-Bordeaux	4
Tours-La Rochelle	3
La Rochelle-Rochefort	0
Bordeaux-Pau	2
Bordeaux-Tarbes	3

	Nombre du départements traversés.		Nombre de départements traversés.
Bordeaux-Bayonne	2	Bar-le-Duc-Nancy	1
Nantes-Brest	2	Nancy-Strasbourg	1
Nantes-Caen	3	Strasbourg-Mulhouse	1
Nantes-Le Havre	5	Mulhouse-Besançou	1
Nantes-Rennes	1	Paris-Nancy	5
Nantes Tours	2	Paris-Troyes	3
Paris-St-Cloud	0	Troyes-Chaumont	1
Rennes-Brest	2	Chaumont-Vesoul	1
Paris-Rennes	5	Vesoul-Mulhouse	1
Rennes-Lorient	2	Mulhouse-Colmar	0
Rennes-St-Malo	0	Colmar-Strasbourg	1
Paris-Caen	3	Paris-Melun	2
Caen-Cherbourg	0	Melun-Auxerre	1
Caen-Trouville	0	Auxerre-Dijon	1
Paris-Rouen	3	Dijon-Mâcon	1
Rouen-Le Havre	0	Mâcon-Lyon	1
Le Havre-Dieppe	0	Besançon-Lons-le-Saunier	1
Rouen-Dieppe	3	Lons-le-Saunier-Bourg	1
Paris-Dieppe	2	Bourg-Lyon	1
Dieppe-Boulogne		Dijon-Moulins	2
		Moulins-Guéret	1
3° Lignes interdépartementales.		Guéret-Limoges	1
		Mâcon-Bourg	1
Paris-Amiens	3	Paris-Nevers	3
Amiens-Arras	1	Nevers-Moulins	1
Arras-Lille	1	Moulins-St-Etienne	1
Lille-Mézières	2	St-Etienne-Lyon	1
Mézières-Metz	2	Lyon-Chambéry	2
Metz-Strasbourg	1	Chambéry-Annecy	0
Paris-Creil	2	Lyon-Grenoble	1
Creil-Laon	1	Grenoble-Chambéry	1
Laon-Reims	1	Chambéry-Aix-les-Bains	0
Mézières-Reims	1	Aix-les-Bains-Annecy	1
Reims-Châlons-sur-Marne	0	Annecy-St-Julien	0
Châlons-sur-Marne-Chaumont	1	Marseille-Digne	1
Metz-Nancy	1	Digne-Nice	1
Nancy-Epinal	1	Marseille-Toulon	1
Epinal-Vesoul	1	Toulon-Draguignan	0
Vesoul-Besançou	1	Draguignan-Nice	1
Besançon-Dijon	2	Grenoble-Gap	1
Paris-Châlons-sur-Marne	3	Gap-Digne	1
Châlons-sur-Marne-Bar-le-Duc	1	Digne-Marseille	1
		Lyon-Valence	2

	Nombre de départements traversés.		Nombre de départements traversés.
Valence-Avignon.	1	Montauban-Toulouse.	1
Avignon-Marseille	1	Limoges-Périgueux.	1
Lyon-Avignon	3	Périgueux-Agen	1
Avignon-Montpellier	2	Agen-Auch.	1
Montpellier-Perpignan.	2	Auch-Tarbes.	1
Perpignan-Privas	1	Limoges-Angoulême	1
Privas-Nîmes.	1	Angoulême-La Rochelle	1
St-Étienne-Le Puy.	1	Toulouse-Foix	1
Le Puy-Clermont-Ferrand	1	Toulouse-Tarbes.	1
Marseille-Nîmes	1	Tarbes-Pau.	1
Nîmes-Montpellier	1	Pau-Bayonne.	0
Montpellier-Béziers.	0	Montauban-Agen.	1
Béziers-Perpignan.	2	Agen-Bordeaux	1
Nîmes-Villefort.	1	Bordeaux-Mont-de-Marsan.	1
Villefort-Mende	1	Mont-de-Marsan-Tarbes	2
Mende-Rodez	1	Tours-Poitiers.	1
Rodez-Albi.	1	Poitiers-Angoulême	1
Albi-Toulouse	1	Angoulême-Bordeaux.	2
Béziers-Narbonne	1	Tours-Angers.	1
Narbonne-Carcassonne.	0	Angers-Niort.	1
Carcassonne-Toulouse	1	Niort-Bordeaux.	3
Montpellier-Rodez.	1	Nantes-Napoléon-Vendée	1
Rodez-Aurillac.	1	Napoléon-Vendée-La Rochelle	1
Aurillac-Tulle	1	La Rochelle-Bordeaux	1
Tulle-Limoges	1	Tours-Poitiers.	1
Toulouse-Carcassonne	1	Poitiers-Niort	1
Carcassonne-Perpignan.	1	Niort-La Rochelle	1
Paris-Orléans	2	Orléans-Blois	1
Orléans-Bourges.	1	Blois-Tours.	1
Bourges-Moulins.	1	Tours-Angers	1
Moulins-Clermont-Ferrand.	1	Angers-Nantes.	1
Clermont-Ferrand-Aurillac.	1	Paris-Nantes.	3
Aurillac-Tulle	1	Le Mans-Angers.	1
Tulle-Périgueux	1	Nantes-Vannes.	1
Périgueux-Bordeaux.	1	Vannes-Lorient.	0
Nevers-Bourges	1	Lorient-Quimper.	1
Bourges-Châteauroux	1	Quimper-Brest.	0
Châteauroux-Poitiers.	1	Lorient-St-Brieuc.	1
Orléans-Châteauroux	2	Tours-Le Mans.	1
Châteauroux-Limoges	1	Le Mans-Alençon.	1
Limoges-Tulle	1	Alençon-Caen	1
Tulle-Cahors.	1	Caen-Le Havre.	2
Cahors-Montauban.	1	Paris-Chartres.	2

	Nombre de départements traversés.		Nombre de départements traversés.
Chartres-Le Mans	1	Rouen-Amiens	1
Le Mans-Laval	1	Amiens-Lille	2
Laval-Rennes	1	Paris-Beauvais	2
Rennes-St-Brieuc	1	Beauvais-Amiens	1
St-Brieuc-Morlaix	1	Amiens-Boulogne	1
Morlaix-Brest	0	Boulogne-Calais	0
Rennes-St-Lo	1	Rouen-Evreux	1
St-Lô-Caen	1	Evreux-Chartres	1
Paris-Versailles	1	Chartres-Orléans	1
Versailles-Melun	1		
Paris-Evreux	2	4° Lignes départementales	0
Evreux-Caen	1	auxiliaires, cantonales.	
St-Lô-Cherbourg	0		

§ 2. — Correspondance des lignes aux zones départementales.

D'après la nomenclature précédente, aux exceptions que je vais signaler près, les lignes interdépartementales, départementales, auxiliaires et cantonales ont une longueur qui ne dépasse pas la distance de UN DÉPARTEMENT.

Les lignes de moyenne communication ont une longueur comprise entre la distance de UN DÉPARTEMENT et DEUX DÉPARTEMENTS.

Les lignes de grande communication ont une longueur qui dépasse la distance de DEUX DÉPARTEMENTS.

Ces correspondances des lignes aux zones départementales ne sont rigoureusement exactes que si l'on modifie le classement des groupes suivants :

Groupe n° 1.	Bordeaux à Nantes.	320 kil.
1,029 kilomètres.	Paris au Havre	298
	Le Havre à Lille	280
	Paris à Dieppe	201
		1,029 kil.

<table>
<tr><td rowspan="21">Groupe n° 2.
1,931 kilomètres.</td><td>Lille à Valenciennes.</td><td>64 kil.</td></tr>
<tr><td>Lille à Maubeuge.</td><td>96</td></tr>
<tr><td>Lille à Calais.</td><td>105</td></tr>
<tr><td>Lille à Dunkerque.</td><td>86</td></tr>
<tr><td>Saint-Quentin à Maubeuge.</td><td>75</td></tr>
<tr><td>Mézières à Givet.</td><td>64</td></tr>
<tr><td>Strasbourg à Mulhouse.</td><td>109</td></tr>
<tr><td>Marseille à Toulouse.</td><td>423</td></tr>
<tr><td>Marseille à Nîmes</td><td>126</td></tr>
<tr><td>Montpellier à Cette.</td><td>28</td></tr>
<tr><td>Béziers à Cette.</td><td>34</td></tr>
<tr><td>La Rochelle à Rochefort</td><td>35</td></tr>
<tr><td>Nantes à Rennes.</td><td>132</td></tr>
<tr><td>Paris à Saint-Cloud.</td><td>15</td></tr>
<tr><td>Rennes à Saint-Malo.</td><td>81</td></tr>
<tr><td>Caen à Cherbourg</td><td>132</td></tr>
<tr><td>Caen à Trouville.</td><td>77</td></tr>
<tr><td>Rouen au Havre.</td><td>88</td></tr>
<tr><td>Le Havre à Dieppe</td><td>80</td></tr>
<tr><td>Rouen à Dieppe.</td><td>61</td></tr>
<tr><td></td><td>1,931 kil.</td></tr>
</table>

Le groupe n° 1 est formé de lignes de grande communication. Il faut le faire passer dans la classe des lignes de moyenne communication, soit par une simple décision administrative, soit, en outre, en ajoutant sur ses lignes quelques fils qui, multipliant les moyens d'action, diminueront par cela même l'occupation totale de la ligne.

Le groupe n° 2 est formé de lignes de moyenne communication. Il faut, par les mêmes procédés, faire passer ses lignes dans la classe des lignes interdépartementales.

Enfin, il faut, dans les lignes suivantes, lignes interdépartementales, qui ont trop de longueur sans poste intermédiaire, opérer des coupures, savoir :

Lignes	Nombre de départements traversés.	Nombre de coupures nécessaires.
Paris-Mézières	4	1
Paris-Metz	5	2
Paris-Mulhouse	6	2
Mulhouse-Lyon	4	1
Paris-Dijon	4	1
Paris-Clermont-Ferrand	5	2
Lyon-Nice	4	1
Lyon-Tours	5	3
Paris-Saint-Etienne	5	2
Marseille-Perpignan	4	1
Paris-Vichy	4	1
Paris-Clermont-Ferrand	5	2
Clermont-Ferrand-Montpellier	4	1
Clermont-Ferrand-Toulouse	4	1
Limoges-Montpellier	4	1
Paris-Limoges	5	2
Limoges-Toulouse	4	1
Paris-Tours	4	1
Tours-Bordeaux	4	1
Nantes-Le Havre	5	2
Paris-Rennes	5	2

Les coupures de fils n'occasionnent aucun frais; les additions de fils coûtent 75 fr. le kilomètre. Si l'on considère que ces additions ne devront être opérées que sur quelques-unes des lignes des groupes 1 et 2, on voit qu'avec une faible dépense, on aura établi une correspondance parfaite entre les trois catégories de lignes du réseau et les trois zones formées par *un*, *deux* et *plus de deux* départements.

PARIS. — IMP. VICTOR GOUPY, RUE GARANCIÈRE, 5.